錯体のはなし

渡部正利・山崎　昶・河野博之 著

米田出版

序に代えて

このごろ、「私たちにもわかるような錯体化学全般についてのガイドブックや入門書みたいなものはないのでしょうか？」というお問い合わせを、いろんな方々から受けるようになりました。以前ならば、卒業研究の指導教官をだれにしようかと迷っている大学の三年生ぐらいがする質問だったのですが、大学院生や社会人からも同じようなことをいわれるようになったのです。

これは現代の「錯体の化学」が、以前に比べるとはるかに広い範囲で役立つようになったことを意味するものと考えられるのですが、改めて今までに刊行されている「錯体」の本を眺めてみると、明らかに「プロの化学者」を目指す人を読者として想定した、比較的限られた範囲を深く掘り下げたものが大部分であることに気づかされます。その昔は確かにそれでも用が足りたのですが、いろいろな方面にそれと気づかぬうちに活用されているので、ちょっとした難問にぶつかり、もう一度全体像を把握してみようという方々が増えてきて、先のようなご質問が生まれてくることになったのでしょう。

そのための書物として、そもそもから現在に至る広い範囲の錯体化学の一半でも概観できて、こんなことがあったのかと、少しでも新しい観点から錯体の世界を眺めることができるようにと考えて、狭い分野だけにとらわれぬよう三人で手分けして、いろいろな方面での錯体の化学の役立ち方のようなものをまとめてみることにしました。そのために、堅苦しいアカデミックな事柄だけではなく、一見して雑学的にも見えそうな錯体化学の話題もいろいろと取り上げてあります。

身近な実例を挙げながら話を進めてゆくことになりますが、もし途中でわからないところがあっても、どんどん飛ばして先に進んでください。縦書きスタイルの本にしたのも、中に出てくる化学式にあまりとらわれなくとも先へ進めるようにと考えた結果です。

出版までに一方ならぬご迷惑をおかけした米田出版の米田忠史氏には心からの謝意を表します。

平成十六年秋　八王子にて

工学院大学錯体化学研究室
渡部　正利
山崎　昶
河野　博之

目　次

第一章　錯体とは

第一節　錯体とはどんなものか

野依良治先生がノーベル賞を受けられ、先生の研究内容が錯体化学の応用であったことで、世の中にも「錯体」に関心を持つ人が多くなったようである。錯体化学はきわめて地味な学問で、抗ガン剤のシスプラチンを除いては、世の中の実生活に大きな貢献をしているものはほとんどないと思われている。この本では、まず実生活に使われ、役立っている錯体を紹介し、これらをもとに現在から未来へとつながるような錯体の化学の概略を把握し、少しでも情報取得の助けとなるようにいろいろな話題を提供することを目的とした。

錯体とは、配位結合を含む一群の化合物の総称である。ここでの「化合物」は原子と原子が結合することによって生成するもの一切を指し、中性分子に限らずイオンの形のものも含まれる。錯体や配位結合の理解のためには、この「原子と原子とが結合する仕方」の話を多少はしておかなくてはならない。

水素分子（H_2）や、アンモニア（NH_3）のような化合物は、次のように原子と原子が結合している。

$$H-H$$

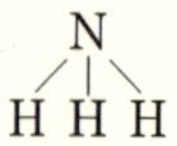

この直線は原子間の結合を示し、一本の線は二個の電子が共有されていることと等価である。この二個の電子はもともと各原子に一個ずつあったもので、原子の周り（正確には最外殻）に八電子（水素の場合のみは二電子）ある時、その原子の価電子殻はまさに「希ガス」と同じ電子配置の安定構造（閉殻という）となるという自然の法則に従っている。これは先のH_2ではどちらの原子の周りにも二個の電子があることになる。

$$H:H$$

アンモニア（NH_3）ではNの周りには八電子、水素の周りには二電子となる。このように両方の原子から各一個の電子が提供されて対を形成してできる結合のことを「共有結合」という。生成した化合物の中では各原子の電子は閉殻構造をとっている。

これに対して、原子の最外殻電子が全部放出されたり、あるいはよそから受け入れたりすることで、電荷を持った「イオン」が生じ、これが静電引力で引き合った結果化合物を生じることがある。たとえばナトリウム原子（Na）は最外殻電子が一個しかないが、これを放出してネオンと同じ電子殻構造のナトリウムイオン（Na^+）に容易に変化する。一方塩素の原子（Cl）は最外殻電子が七個あり、これに一個の電子を受け入れるとアルゴンと同じ電子殻構造の塩素イオン（Cl^-）となる傾向が強い。陽イオンと陰イオンは静電引力で引き合うので、NaClタイプの化合物（実際には結晶となるが）が生成する。このようにイオンになっているものが相互に引き合うことで生成する結合を「イオン結合」という。

ところで、「錯体」が生じる時の結合の様子は、上の二種類の結合のうちでは共有結合に近い。というよりもむしろ「変形共有結合」というべきもので、通常は「配位結合」と呼ばれるものである。先のアンモニア分子を考えてみると、窒素原子の最外殻にある電子（価電子）は五個である。

$$:\overset{\cdot}{\underset{\cdot}{N}}\cdot$$

アンモニアでは、この一電子のところに水素原子が結合して共有結合をつくっている。（：）を非共有電子対（ローンペア）という。原子間に結合が生じるには、原則として最低でも電子二個が必要となるが、錯体を形成する時の配位結合では、今の窒素原子の持っている非共有電子対が、金属イオンの持っている電子殻の空所（軌道）へ送り込まれて結合を生成してゆくのである。ここでは電子対（：）の提供される側から受け入れる側へと矢印を描くことにする。つまり次のようになる。

$$M^{n+} + :NH_3 \rightarrow (M \leftarrow NH_3)^{n+}$$

片方から結合電子二個が供与される点が共有結合とは異なるし、正負の電荷間の引力による結合ではないから、イオン結合とも異なる。錯体とは非共有電子対（上のアンモニア分子で（：）であらわしたもの）が配位することによって生成した分子ともいえる。

溶媒に溶かすと、イオン結合は切断されるが、共有結合は切れることはない。配位結合は切れることも切れないこともあるが、切れた場合にはここに溶媒分子かほかのイオンが代わりに配位結合を形成する。切断されずにまとまった形で存在している場合には角括弧［　］でかこむことになっている。たとえば、塩化銀とアンモニアとの反応で生じる錯体は、$[H_3N:Ag:NH_3]^+Cl^-$ のようになり、通常は $[Ag(NH_3)_2]Cl$ のように書く。

この本では金属や金属イオンに配位するものとして、Cl^-, Br^-, I^-, CN^-, NO_2^- などの陰イオンや、CO, NH_3, $P(C_6H_5)_3$ などの中性分子、さらには有機化合物の炭素原子が配位結合したものなどを取り上げることにする。

第二節　身近にある錯体いろいろ

ベンベルグレーヨン（キュプラ）

全世界でおそらく一番大量に生産・利用されている「錯体」は、何といっても銅のアンミン錯体であろう。硫酸銅の水溶液にアンモニア水を加えると、まず薄青色の水酸化銅が沈殿するが、さらに大過剰に加えると深い青色の溶液となって、水酸化銅の沈殿は再溶解してしまう。この溶液はシュヴァイツァー試薬ともいうのだが、セルロースを溶かし込んで溶液にすることが可能なのである。

$$Cu^{2+}(aq) \ + \ 2\,OH^- \ \rightarrow \ Cu(OH)_2\downarrow$$
$$Cu(OH)_2 \ + \ 4\,NH_3 \ \rightarrow \ [Cu(NH_3)_4]^{2+} \ + \ 2\,OH^-$$

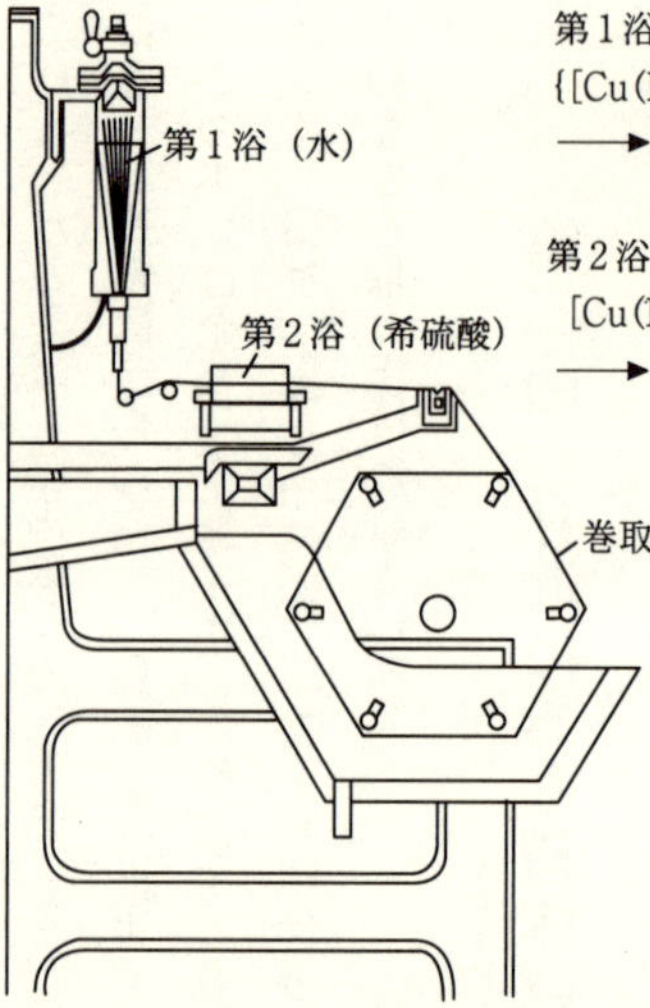

第1浴

$$\{[Cu(NH_3)_4]^{2+}\}_n(\text{cellulose}) + H_2O(\text{過剰})$$
$$\longrightarrow n[Cu(NH_3)_x(OH_2)_{6-x}]^{2+} + (\text{cellulose}) + n(4-x)NH_3$$

第2浴

$$[Cu(NH_3)_x(OH_2)_{6-x}]^{2+} + H_2SO_4(\text{過剰})$$
$$\longrightarrow [Cu(OH_2)_6]^{2+} + xNH_4HSO_4$$

図 1.1 ベンベルグレーヨン製造装置のダイアグラムと、それぞれの場所における反応

このセルロースを溶かし込んだ溶液を、白金やタンタルなどの特別な金属でつくった細かい孔のたくさんあいたノズル（スピナレットという。蜘蛛の糸の吐き出し口の意味である）から水中、やがて希硫酸の中に噴出させ、何本も縒り合わせて紡糸することで、ベンベルグレーヨン、別名をキュプラと呼ばれる繊維が得られる。ベンベルグはこの方式を企業化したドイツの化学繊維会社の名である。以前には「銅アンモニア人絹」などと呼ばれたこともあった。ビスコースレーヨンやアセテートレーヨンなどのほかのレーヨン繊維に比べると格段に細くて、かつ強度が大きいので、今でも服の裏地などには欠くことができない。硫酸溶液になった銅イオンは再び回収してシュヴァイツァー試薬の原料とするし、アンモ

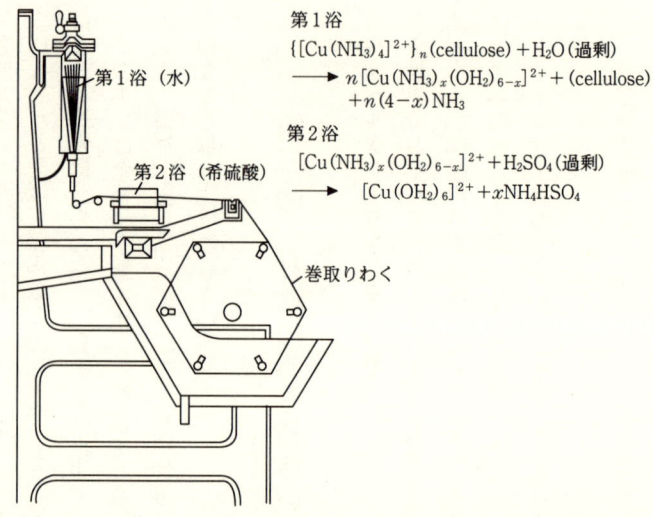

ニアは硫酸アンモニウム（硫安）として肥料に振り向けられる。だから製品の形では表に出てこない。このように隠れたところで世人の役に立っているのが「錯体」だとすれば、まさにこれこそそのシンボルともいえようか。

もちろんこのような手法が応用され始めた時代（十九世紀の末ごろ）では、「錯塩」とか「錯体」ということばと工業現場はまったく無縁のものであったし、当時の化学や物理学の手法では探求することすらきわめて難しかった。だから、重要であるにもかかわらず、一見まったく関係のない世界で大規模に活用されてきたのである。

なお、銅イオンのほかに亜鉛やカドミウムなどの水酸化物の濃厚アンモニア水溶液（これらもそれぞれのアンモニア錯体を含んでいる）も、同じようにセルロースを溶解できるので、レーヨン紡糸が試みられたことがあるが、やはり製品の出来映えとコストの両方から、銅錯体にはかなわず、現在でも「キュプラ」のみが生産されている。

マスコミのレポーターは、アーサー・クラークの名作「楽園の泉」などでもずいぶん辛辣に皮肉られているのだが、すぐに「これは何の役に立ちますか?」という質問を研究者に向けるのが常である。これはベンチャー企業家相手の質問ならばまさに的を射た質問なのだろうが、TPOをまったく心得ていない問いかけで、応対に困らされる。即座に役に立つ大発見なら、マスコミに披露するよりも前に特許を取得して、とっくに製品が世間に流布しているはずなのである。

彼らもほとんど意識していないが、公知の事実は特許がとれない。だからこの種の情報を、うっかりマスコミ界にリークしてしまったら元も子もない。企業家にとっては、マスコミはまたとない宣伝のメディアであるが、研究者にとっては逆にこの種の重要な事柄はある時点までは何としても隠さざるを得ない。きちんとした学術雑誌への論文投稿や、学会などでの研究成果発表すら、特許申請よりあとでなくてはできない。

郵便番号自動処理

わが国の郵便システムは、数年前から七桁の番号を記入するようになっている。これを記入させたあとどうなっているのかは、郵政省もあまり熱心にPRをされない。

実はこれも金属錯体の活躍の場なのである。このごろパーティーグッズなどにあるブラックライト（実は「高圧水銀灯」で、波長三六四ナノメートルの近紫外線を出す）で、受信した封筒やはがきを照らしてみると、鮮やかな赤橙色の縞模様（バーコード）が、蛍光性のインキで印刷されていることがわかる（図1・2）。

このコードを判読して機械的な仕分けが行われているのだが、この蛍光を発現する源は、カラーテレビのブラウン管の赤色の蛍光体と同じくユウロピウムのイオンである。ただし、微量でも強い蛍光を出し、かつ通常の可視光線では無色に見えるようなインキとするには、やはりその目的に合った錯化合物を利用しなくてはならない。

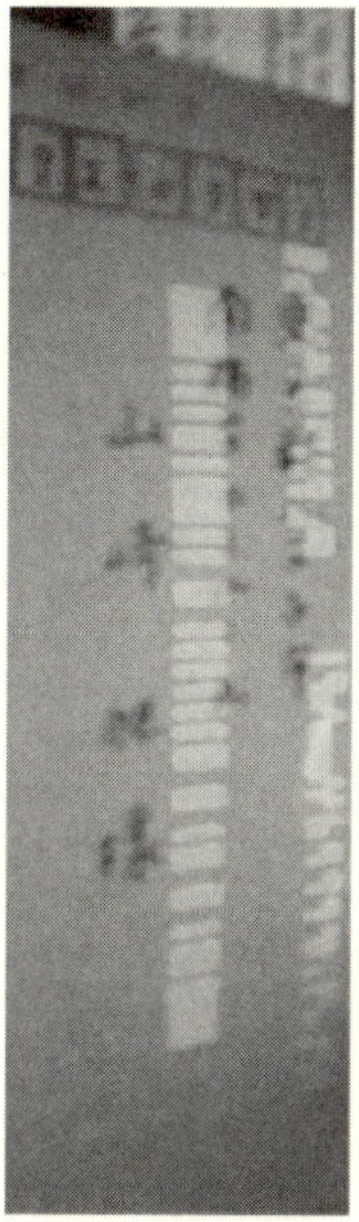

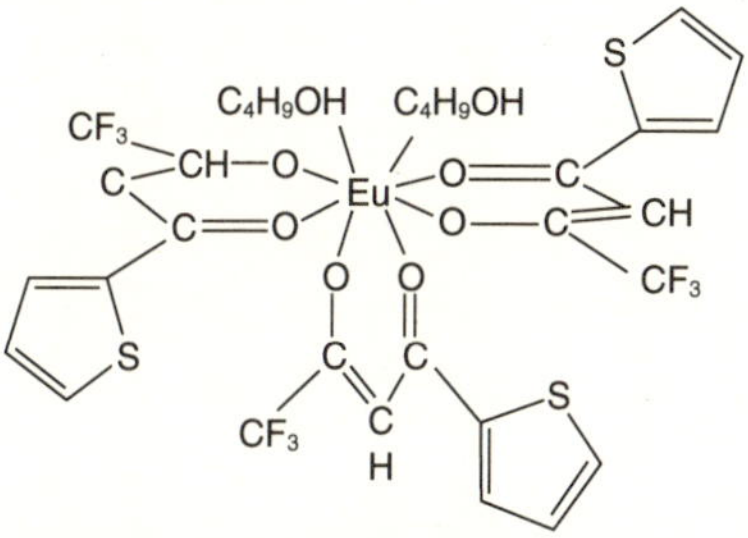

トリス（テノイルトリフルオロアセトナト）ユウロピウム(III)のブタノール付加錯体

図 1.2　はがきの表の蛍光インキで印刷されたバーコードと Eu(TTA)$_3$ の構造式

このために図1・2に示したような構造の化合物が使われている。もともとは希土類元素の相互分離のために開発されたTTA（テノイルトリフルオロアセトン）という試薬とユウロピウムとの間に生じた錯体である。単独でも蛍光を発するが、マジックインキなどと同じようにブチルアルコールを溶媒として溶かしたものが、蛍光強度も何桁も大きくなるから使用に便利なので、よく利用されているらしい。

なお、この発光はレーザー発振に応用することも可能らしく、現在のところローダミン6Gなどの有機色素を用いている色素レーザーの大部分を置き換えてしまうかも知れないといわれている。通常の有機色素に比べると、外部からの強い光照射に対して格段に安定性が大きいからである。

写 真

ディジタルカメラがずいぶん普及してきたけれども、まだまだ世界の主力は銀塩写真である。レントゲン撮影や素粒子の研究などでも、銀塩フィルムの活躍している領域は広い。

ハロゲン化銀が光にあたると、光の量に応じて分解が起き、銀原子が遊離する。これは最初、いわゆる「潜像」の形であるが、現像操作で銀原子の数を増やし、あとは未反応のハロゲン化銀を除いてしまえば、像となった銀原子だけが残るのである。

この残存したハロゲン化銀を溶かす「定着」操作も、まさに錯イオンの形成を利用している。このためにはチオ硫酸ナトリウム（俗に「ハイポ」と呼ばれている。これは実は誤称であるが、英語でも「hypo」で通用している）が用いられていて、感光せず未反応のままで残っているハロゲン化銀をチオ硫酸錯体（$[Ag(S_2O_3)_2]^{3-}$）の形で可溶化させる。もちろんこの手法を導入した天文学者のジョン・ハーシェル（一七八二〜一八七一、天王星を発見したウィリアム・ハーシェルの子息）の時代には「錯体」などという言葉も概念もなかった。チオ硫酸ナトリウムが導入される以前には、シアン化カリウム（これも同じようにハロゲン化銀を錯イオンの$[Ag(CN)_2]^-$の形に変えて可溶化できる）が用いられたこともある。だから、十九世紀の英米のミステリなどでは、毒物の青酸カリなどをアマチュア写真家の暗室から手に入れるという設定のものもあった。

この銀のチオ硫酸錯体は、しばらく前から流行の「抗菌グッズ」にも利用されている。きわめて微量の銀イオンがゆっくりと遊離してくるので、これによる殺菌効果が期待されており、実際多くの製品に用いられている。

図 1.3　抗菌ボールペン

顔料と絵具

一万年以上にも遡るといわれるスペインやフランスなどの洞窟壁画には、無機質の顔料の鮮やかな色彩が残されているし、わが国の縄文遺跡からも、鮮やかな朱色の櫛や篦などの遺物が発見されている。だが、人間はもっと豊かな色彩を求めていろいろと試行錯誤を繰り返してきたのである。

十八世紀のはじめごろ、ベルリンのディースバッハが、鉄の鍋でアルカリ（苛性カリ、つまり不純な水酸化カリウム）と動物の血液を加熱して青色の堅牢な顔料を得たといわれる。これが「プルシャンブルー」とか「ベルリン青」と呼ばれるものであった。多くの科学史の本によると一七〇五年だったとされており、「錯塩の始まり」はここにあると記されている。

しかし、識者によるともっと以前からつくられていて、部外秘のものだったろうといわれてもいる。猛毒の青酸（シアン化水素）らしい物質をつくって利用したとか、そのために中毒死したという報告が十七世紀末にすでにある。

これは最初、鉄製の鍋の中で、動物の血液や臓物などをアルカリで処理していて、偶然のことから得られたという。有機化合物を還元性の条件でアルカリで処理すると、タンパク質からシアン化物が生成する（のちにフランスのデュマが、窒素分の確認・定量方法としてもう少しエレガント、かつ確実な手法とした）。これが反応容器の鉄分と反応して、水に不溶性の青色の色素を生成するのである。人間が意図して（今日風の意味での）錯化合物を合成した最初の例として、いろいろな科学史や美術史の本にものっている。もっとも、この青色の鮮やかな物質の構造がきちんと解明されたのは今からわずか二、三〇年前のことである。

だが、十九世紀の半ばごろ（つまりディースバッハの発見から一五〇年ほどもたってから）、今日の有機化学の開拓者でもあったドイツのリービッヒがイギリスを訪れて、とあるプルシャンブルーの工場を訪問したところ、職工が鉄の棒で鍋をガンガンと叩いていた。「こうして叩くと、いい製品ができるのさ」とその職工がいったので、リービッヒが「そのぐらいなら鉄塩を添加すれば、もっと有効だろう」と示唆したけれども、職工は長年の経験を重視して、大先生のご託宣をまったく聞き入れようとはしなかったということである。

「サイエンス」と「テクノロジー」の違いを実にうまく表現したエピソードでもあるのだが、現在でもこの種の行き違いは間々あるらしい。

もちろん最初のころはこんなからくりはわからなかった。先のイギリスの職工のセリフからもこのことは推測できる。製造現場もさぞや悪臭の立ちこめるすさまじい場所であったろう。だが、こうしてつくられた「ベルリン青」は、それまで青色の顔料として用いられていた「藍」や「花紺青」とは違った鮮やかな色彩と安定性のため、たちまち世界中に広まった。江戸時代末ごろのわが国では「べれんす」と呼ばれたが、これはどうも「ベルリン青（せい）」の訛りらしい。乾式コピーなどなかったころの図面の複写に欠かせなかった「青写真」はこの青色錯体の生成を利用したものである。

最近になって、北斎の有名な版画「富嶽三十六景」の青色の色素には、藍だけではなくてこの「べれんす」も使われていたことが判明したという新聞記事もあった。当時はまだ舶来の高価な色素であったことだろう。

もっと歴史のある例としては、いわゆる「媒染剤」がある。いろいろな天然色素は大部分が水溶性であり、布地に着色しても水洗処理で簡単に除かれてしまうから、何らかの方法で繊維に固着して不溶性となるような操作が必要である。このために古代からいろいろな金属の塩類が用いられている。「媒染剤（mordant）」という名称のとおり、染着の仲立ちをすることで経験的に選択されてきた。

この折りに生成する色素と金属イオンとの不溶性の化合物は、「レーキ」と呼ばれた。紅色の水彩絵具にある「クリムゾンレーキ」などでお馴染みであろう。長いこと組成不定の混合物だとして、以前は化学の研究対象として取り上げられることはほとんどなかったのだが、研究手段の進歩に伴って、大部分は一定組成を持つ立派な金属錯体であることがわかってきた。

お茶の水女子大学の黒田チカ先生が、紅花の色素カルタミンに次いで構造を解明された「紫根」の色素であるシコニン（現在では悪性腫瘍の治療に有効だということで、カルス培養で工業的に生産されている）は、ナフタザリン系の化合物であるが、媒染にはツバキの灰がよいとされている。万葉の歌にも詠まれているように紫の染色と椿の灰は不可分なのである。これはシコニンとアルミニウムイオンとの間に形成される錯体が鮮やかな古代紫の呈色を示すことが利用されている。同じように蘇枋（スオウ）の赤色の色素はヘマトキシリンと呼ばれるものであるが、アルミニウムと鮮赤色の錯体をつくる。これは細胞染色にも利用されている。茜（アカネ）の色素であるアリザリンも明礬による媒染であのような鮮やかな赤色になる。

媒染剤としては明礬（硫酸アルミニウムカリウム）やピンク塩（ヘキサクロロスズ酸アンモニウム）などが鮮やかな色を出すのに用いられてきたが、いわゆる「草木染め」の手引き書などをみると、鉄塩やクロム塩などいろいろな金属塩を利用して同じ色素でもずいぶん異なった色合いに染め上げる手法が記されている。これは布地の上での錯形成反応なのだが、この種のテキスト類には「化学」にかかわりのある言葉は一切登場しない。金属イオンが違うと色調が異なるならば、それぞれのイオンの微量分析に使えるわけであり、以前から比色分析や点滴分析などにはこれらの植物性色素（もちろん精製したもの）がよく使われていた。

なお、メチレンブルーやメチルバイオレットなどの水溶性の色素を、リンタングステン酸やリンモリブデン酸などのヘテロポリ酸塩の形で不溶化したものもこの「レーキ」に属するが、ポリバケツなどの着色用の優れた顔料としてかなり多量に生産されている。各地の災害のあとでテレビに登場するいささかケバケバしい青色のビニールシートは、このメチレンブルーのヘテロポリ酸塩レーキで着色されたものである。

オーレオリン

初歩の定性分析でもあまりやらなくなってしまったが、カリウムイオンを沈殿させる試薬として、その昔は「亜硝酸コバルチソーダ」なる試薬がもっぱら用いられていた。水に溶かすと赤褐色の溶液となり、カリウムイオンにあうと鮮黄色の沈殿ができることで存在の確認が可能だったのである。

この鮮黄色の沈殿は水にほとんど溶けないし、亜麻仁油などと混ぜると透明な黄色絵具をつくることができる。これはほかの黄色の顔料とは大きく違った特性である。現在でも「オーレオリン」という名称で使用されているが、これも実はコバルトの錯塩の典型である。

この顔料調製のために用いる試薬を「亜硝酸コバルチソーダ」という名称で呼んでいたのは、最初のころは錯体だとは考えられず、明礬（硫酸アルミニウムカリウム）と同じように亜硝酸コバルト(III)と亜硝酸ナトリウムの複塩（$Co(NO_2)_3 \cdot 3NaNO_2$）だと考えられていたための名称である。

現代風には「ヘキサニトロコバルト(III)酸ナトリウム」なのだが、固体と水溶液の色調が大きく違うことからも推測できるように、水溶液中での形は単純なものではないらしい。

ヘモグロビン

血液の中に鉄が含まれていることが判明したのは結構昔のことである。イタリアのボローニャ大学のメンギーニが、一七四五年にイヌの血液を乾固・灰化して得た粉末の中に、磁化したナイフに引きつけられるもの（今日風にいうと磁性酸化鉄）があることを認めた。だがこれが血液の中ではどのような形であるのかはなかなかわからなかった。顕微鏡はすでに使われていたが、赤血球すらどのような形状であるかが判明するのにそれからも一〇〇年近くかかったのである。

この鉄を含む色素タンパク質（ヘモグロビン）は、分子量三万ほどのほぼ球形をしたかたまりで、内部に二価の鉄を含むポルフィリン系錯体の「ヘム」を四分子含んでいる。血液の中で酸素を運ぶのには、このヘムの酸素錯体（つまり鉄に酸素が配位結合したもの）が利用される。筋肉のところまでヘモグロビンが酸素を運ぶと、今度はミオグロビン（こちらもヘムを含むが、一分子あたり一個のヘムしか含まない）に酸素が移り、末端組織に酸素を供給することになる。

ヘモグロビンにはいくつかの構造の異なったもの（多くは構成単位のアミノ酸残基の二〜三個が異なっているだけだが）があり、それによって酸素との錯形成の様相も違ってくる。中でも一番有名なものとして、胎児の血液中にあるヘモグロビンF（このFは胎児を意味する fetus の頭文字である）がある。これは酸素との錯形成能力（親和性）が、通常の人体に含まれるヘモグロビンAよりも大きいので、胎盤を経由して母体の動脈血中から胎児の動脈へと酸素を運ぶことができる。もちろんこのほかに通常の人間の血液のヘモグロビンの主成分であるヘモグロビンAも含まれている。だから、分娩直後の嬰児の皮膚は成人よりもずいぶん赤味が濃い。「赤ちゃん」というのもその意味では錯体化学的にきわめて正確な名前でもある。

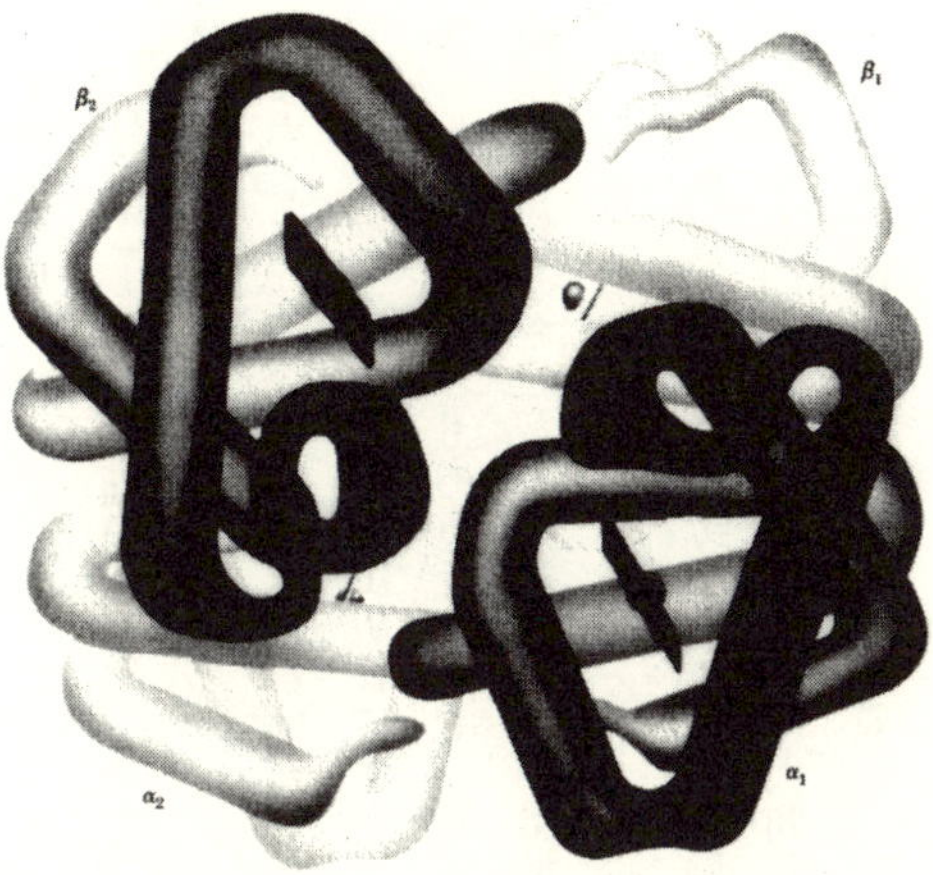

図 1.4　ヘモグロビン四量体。4本のポリペプチド鎖に囲まれた、中央のふくれた四角形がヘムの分子である。(J. D. Watson et al., Molecular Biology of the Gene, 4 th ed., Fig 5-32. The Benjamin/Cummings Publ. Co. Inc.(1987))

誕生後は肺呼吸が始まるので、このヘモグロビンFは不要となるから、急速に分解が始まる。ヘムの分解ではポルフィリン環が開裂して、ビリルビンやビリベルジンなどの黄色系統の色素が生じる。これが「新生児黄疸」の原因である。これらの分解物は「胆汁色素」といわれるものだが、健康ならばどんどん排泄されるので、全部壊れてしまえばもとの健康な肌色にもどることになる。

インシュリン

「成人病」とか「生活習慣病」などと呼ばれる一群の病気の中でも、糖尿病に悩む患者数が昨今著しく増加してきたが、血中のインシュリン濃度をコントロールすることで何とか平常の生活をいとなめるようになった。その昔はいかなる名医でも対策の施しようが何一つなかったのである。

インシュリン(学会や出版社によっては「インスリン」でなくてはいけないとそちらに強制的に統一している向きもある)は、もともとカナダのバンティングが、イヌの膵管を結紮して人工的に糖尿病を起こさせ、これに膵臓の抽出液を注射することで症状が緩和することを観察し、大変な苦労のもとに単離に成功したタンパク質ホルモンである。一九二一年のことであった。バンティングは開業医で、当時は自分のところに実験設備を持っていなかった(これは現在でも化学・生物系のベンチャービジネスを始める時の大問題である)ため、トロント大学のマクラウド教授に交渉し、教授の休暇中に実験室を貸して貰い、当時大学院生だったベストと二人で実験していたのである。糖尿病患者にとってはまたとない福音であり、一九二三年のノーベル医学生理学賞を受けた。ただしこの時の共同受賞者は、バンティングとともにインシュリンの単離を行ったベストではなく、彼の指導教官であった(しかも実験室を貸しただけで、ほかには何もしなかった)マクラウド教授であった。バンティングは大変に憤慨し、自分の受けた賞金の半額をベストに贈った。

ベストはその後一〇年ほどして、インシュリンを投与する際に、亜鉛の塩類を一緒に投与することで効果が長期間持続するという重大な発見を行った。一九三六年のことであった。これこそ「生

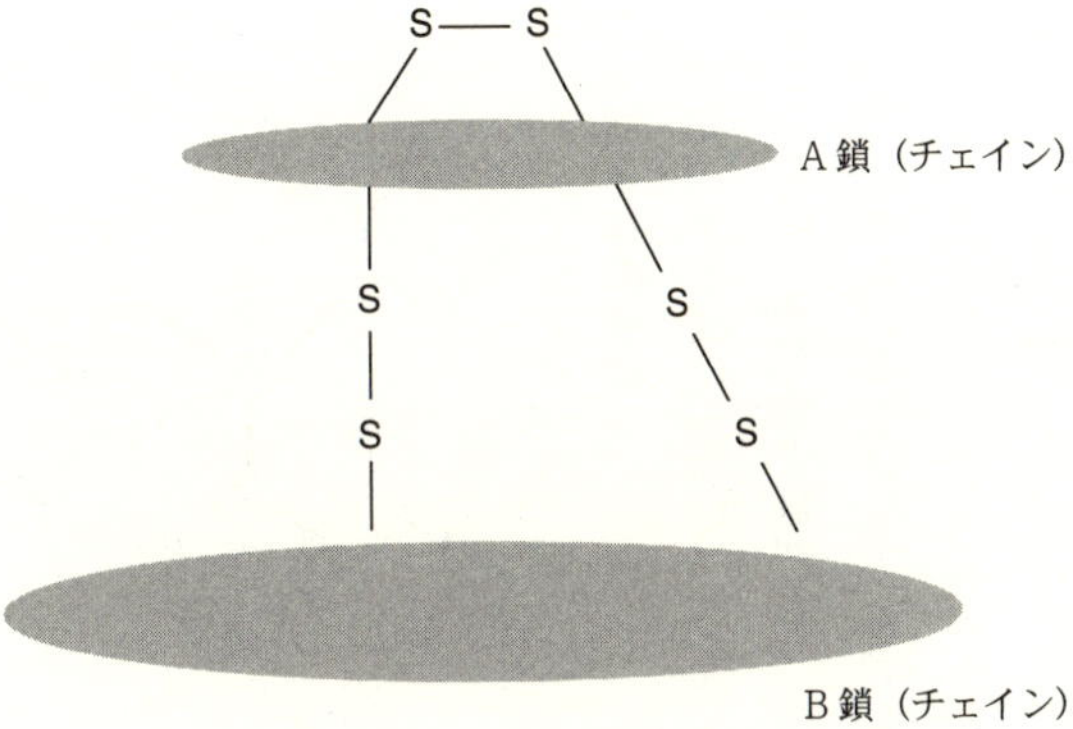

図 1.5　インシュリンの１ユニット

物無機化学」あるいは「錯体生物化学」の重要性を世人に如実に示した最初の例であろう。

インシュリンの分子は図１・５に示すような二本のペプチド鎖からなる分子量が約六〇〇〇のものであるが、このユニットが六個まとまり、その中に亜鉛のイオンが四個含まれる巨大な錯体分子である。亜鉛の含量は〇・七三％にしかならない。この種の生体分子には、遷移金属イオンが作用中心にある（つまり金属錯体が重大な機能を持っている）例が少なくないのだが、原子数にするときわめて少ないために、従来の生物学者や生化学者たちにはほとんど無視されてきた歴史がある。今のインシュリンでも、アミノ酸残基およそ四〇〇に対して亜鉛イオンは四個しかないから、昔風の研究手段しかなかった時代には無視されても当然だったともいえる。

生体分子の研究を始めるには、巨大分子のがっちりした高次構造のままでは取り扱いが難しいので、これを何とかしてほぐさなくてはならないが、この際に金属イオンをか

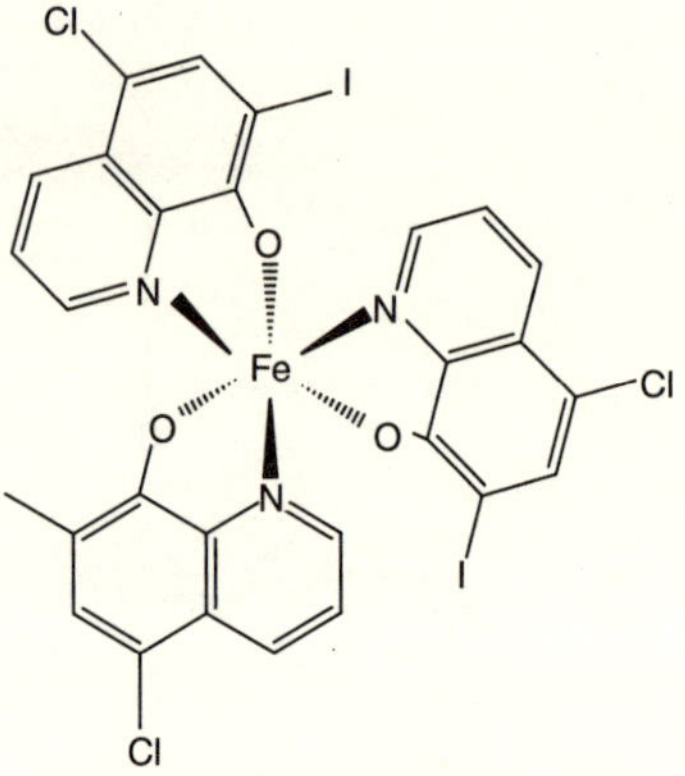

図 1.6　キノホルムの鉄キレート

なり過激な分解法で除去しないと、あとの研究に使えるほどにほどけてはくれないのである。このような操作法がふつうであるために、現在でもまだその含量や役割が判然としていない元素は結構たくさんある。

その中でもインシュリンに亜鉛が含まれていて、これが血糖制御機能に大きな役割を果たしていることが判明したのは、生物無機化学や錯体化学の方から考えても実に幸運であったともいえよう。

ＳＭＯＮの解明

昭和三十年代にわが国で多発したのに原因不明のままだったＳＭＯＮ（subacute myelo-optico neuropathy, 亜急性脊髄視神経障害）の原因がキノホルムによるものであることが解明される端緒となったのは、患者の舌が緑色になること（緑舌症状）と、尿中から緑色の結晶性物質が得られたことだったという。この尿から得られた緑色の結晶は、キノホルムの鉄錯体（トリス（5-クロロ-7-ヨード-8-キノリノラト）鉄(III)）であった。これをもとに病因が決定されて、ようやく対策が立てられることとなったのである。

もともとキノホルム（5-クロロ-7-ヨード-8-キノリノール）は分析試薬でもあるオキシン

（8-キノリノール）の誘導体で、同じように重量分析にも使われた歴史がある。ただ以前は著しく高価であったが、アメーバ赤痢の特効薬として、第二次大戦以前に東南アジアなどに渡航する人間にとっては必携の高貴薬であった。「耳かきの半分ぐらいを分けて貰って服用したおかげで、なんとか命が助かった」という経験者の話を伺ったことがある。

ところが一九六〇年ごろに新しい製造法が導入されて、価格が著しく低下した。さらにアメリカから、チビチビとではなく一度に大量に服用させて、短期間に病気を治そうという「大量処方療法」が最新の治療法として導入されたのである。その結果、過剰のキノホルムに中毒した患者がSMONに罹患することとなってしまった。一九七二年に日本では製造・販売ともに中止となり、以後SMON患者の発生はなくなったが、マダガスカルやインドなど、現在でもアメーバ赤痢が猛威をたくましくしている地域に渡航する人たちは、仕方がないので現地で外国製品（あまり質のよくないものなのに著しく高価だそうである）を購入せざるを得ない。

有機EL発光体

テレビ受像機やパソコンモニタに使われてきたブラウン管は、次第に薄型の液晶ディスプレイやプラズマディスプレイに置き換えられつつあるが、さらにそのあとの世代を担うものとしてよく話題となる「有機ELディスプレイ」がある。このELは「エレクトロルミネッセンス」で、電圧を印加することで望みの光を発生させる。ここで「有機EL」とうたっているが、実はこれも大部分が金属錯体そのものの利用である。白金やイリジウム、アルミニウム、ルテニウムなどのオキシンやジピリジル（ビピリジン）錯体の配位子にいろいろな置換基を導入したり、付加配位子をいろいろと変化させて、ＲＧＢ（赤・緑・青）の蛍光を発生できるように工夫されている。

ワッカー合成

マニキュアの除光液にも配合されているアセトンは、水も炭化水素もともに溶解可能な優れた溶剤である。この工業的な製造は一世紀ほど前から大問題であった。第一次大戦のころ、軍事用（爆薬の製造など）にも大量に必要だったのである。発酵法で大量にアセトンを製造することを可能としたワイツマンは、英国政府を動かして、二千年来の夢であったユダヤ人の国イスラエルを建国させることに成功し（現在の中近東問題の火種を蒔いたことにもなるのだが）、のちに初代の大統領ともなった。

アセトンの需要はその後もどんどん増加して、発酵法では追いつかなくなって、やがてプロピレンとベンゼンを縮合させてクメンをつくり、これを過酸化物としてから分解させる方法で、フェノールとアセトンを同時に製造する「クメン法」での製造が始まった。だがさらにプロピレンを酸化して直接アセトンを得る方法として「ヘキスト・ワッカー合成法」が考案され、クメン法の場合のように常に等モル副生するフェノールの相場次第でアセトンの需給が影響を受けることはなくなった。現在では世界的に見ると両者のシェアはほぼ半々といったところらしい。

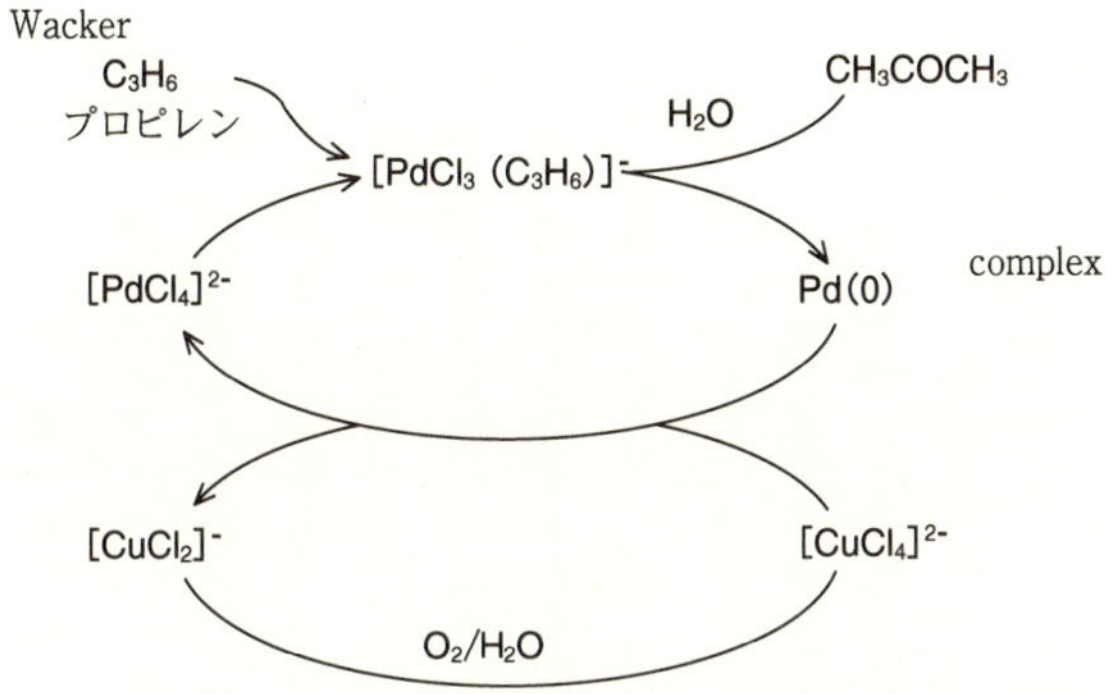

図 1.7　ヘキスト・ワッカー合成法のサイクル

ワッカー法では、エチレンやプロピレンを塩化パラジウム（実際はテトラクロロパラジウム（II）酸錯体、$[PdCl_4]^{2-}$）の塩酸水溶液と反応させ、二重結合のπ電子がパラジウムイオンに配位した、反応活性に富んだ錯体をつくるところが発端である。これに水分子が付加するとプロピレンはアセトンに変化し、パラジウム錯体は同時に金属パラジウムに還元されてしまう。金属パラジウムが酸化されればまた触媒として使えるのだが、空気酸化の反応は遅いので、塩化銅（II）を加えて（$[CuCl_4]^{2-}$として溶けている）、これで酸化させてパラジウムをもとの$[PdCl_4]^{2-}$にもどす。銅はCu^+の錯体$[CuCl_2]^-$に還元されるが、これは空気中の酸素で容易に酸化されてもとの$[CuCl_4]^{2-}$にもどるので、このサイクルは完成し、触媒は再度活性化されるから、連続的な生産が可能となる。プロピレンの代わりにエチレンを使うと、アセトアルデヒドが同じように得られるが、これを原料に酢酸やその誘導体を合成する方法も大規模に行われている。

ペーデルセンとクラウンエーテル

世界的に見ても、錯塩や錯体の研究は、遷移金属イオンの分野の方が盛んであった。この傾向は程度の差こそあれ現在でもあまり変わってはいない。一つには多種多様な色彩があらわれたり、酸化還元特性がさまざまだったりして、いろいろな研究手法の対象となりやすかったことと、もう一つは生成した錯体が安定で、あまり簡単には壊れない（つまり昔風の手荒な測定法にも耐えられる）ものが多かったからでもある。アルカリ金属イオンの研究などは、丈夫な錯体ができにくいこともあって、はなはだしく立ち遅れていた。

この未開拓な分野の研究を創始した一人にペーデルセン（一九〇四～一九八九）がいる。彼はノルウェイ人の父君と日本人の母堂の間に生まれ、長崎と横浜で教育を受けた人物で、「安井良雄」という日本名をも持っていたそうである。のちにアメリカに帰化し、デュポン社に長年つとめていたが、あるとき、酸化エチレンのポリマーの合成の際に、条件によってはエーテル構造のオリゴマーが生じ、これがアルカリ金属イオンと特異的に頑丈な（安定な）錯体を形成できることを発見した。このオリゴマーは環状の構造をとっていて、分子模型を組んでみると王冠そっくりとなる。そのために「クラウンエーテル」という総称で呼ばれるようになった。

昭和四十二年（一九六七年）、日光で開かれた第十回国際錯体化学会議（ＩＣＣＣ）の折、ペーデルセンも来日し、講演会場で、クラウンエーテルのベンゼン溶液と、過マンガン酸カリウムを振り混ぜて、紫色のベンゼン溶液をつくるデモンストレーションを行って参加者を感嘆させた。それ

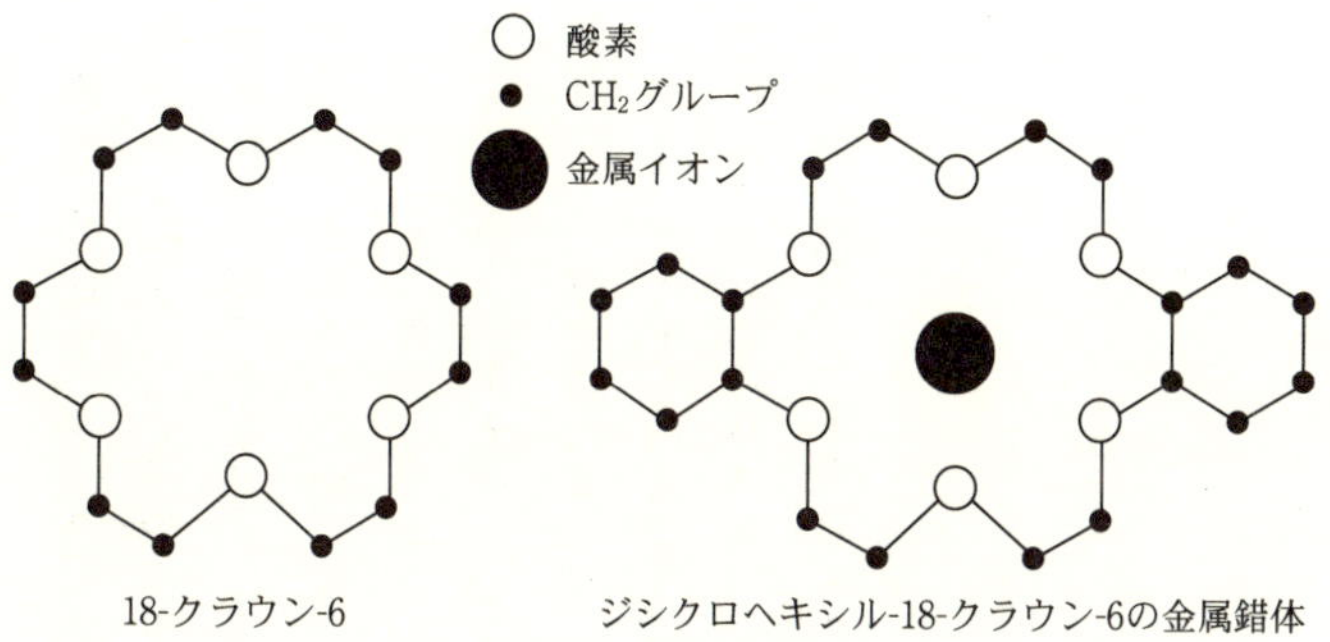

(a) クラウンエーテル

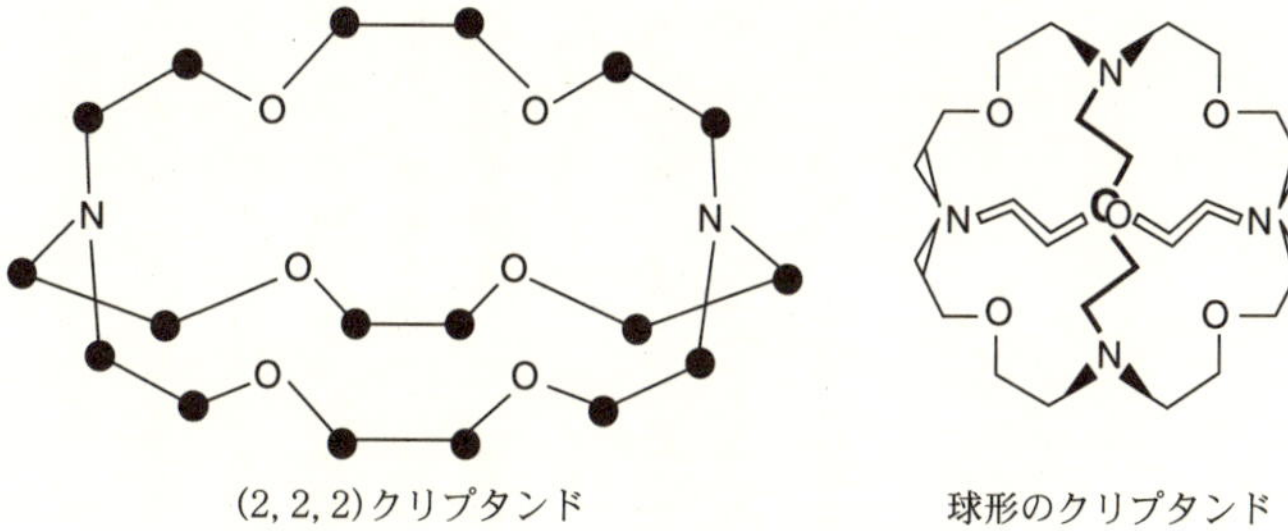

(b) クリプタンド

図 1.8　クラウンエーテルとクリプタンドの例

までは有機溶媒にカリウムイオンを溶かせるなど誰一人想像もしていなかったのである。対イオンとして濃い紫色の過マンガン酸イオンがあれば、抽出されたことがただちにわかる。

これがその後工業界でも盛んに用いられるようになった「相間移動触媒」の一つの始まりだったともいえる。ペーデルセンは、この特別な空間構造を持つ分子による金属イオンや分子を包み込む「包接現象」の研究で、アメリカのドナルド・クラムとフランスのジャン・マリー・ピエール・レーンとともに一九八七年のノーベル化学賞を受賞した。

彼のこの仕事こそ、今日世間でもてはやされている「ナノテクノロジー」の先鞭をつけたといえるかもしれない。分子やイオンをそれぞれにきちんと認識することなくしては、ナノサイエンスは始まらないのである。ましてやテクノロジーと呼ばれる段階に進むには、著しく高くて超えがたいバリヤーがあるのだが、その障壁をくぐり抜ける一つの重要なきっかけとなったといえよう。

天然にもこのクラウンエーテル類似の構造を持った化合物が何種類か存在し、その中にはバリノマイシンやノナクチンなどのように「抗生物質」として挙動するものもある。つまりアルカリ金属イオンとの錯形成によって、殺菌能力を示すのである。

クリプタンドも同じようにアルカリ金属イオンと安定な錯体を形成できるカゴ型の分子である。これはフランスのパストゥール大学（ストラスブール）のレーン教授一門の開発によるもので、陽イオンのほか、ナトリウムの陰イオン（Na^-）を抱え込んだ錯体をつくることも可能である。

第二章　錯体研究の歴史

第一節　配位説以前

イオン性の化合物（塩類）と分子性の化合物の区別も不明確であった時代から、今日の目で見ると明らかに「錯体」（以前は錯塩といっていた）に分類されるものがかなり多数知られていて、広く利用されていた。だがやがて「分子構造」や「イオン」という概念が導入されて、いろいろな化合物についての性質が解明されても、このややこしい化合物群についてはなかなか研究が難しく、そのためにドイツ語で「Komplexsalze」つまり、「一筋縄ではわかりそうもない複雑な塩類」という名称が与えられた。

たとえば、赤血塩（赤色血滷《ろ》塩）や黄血塩（黄色血滷塩）などと呼ばれる、プルシャンブルー製造時の副産物として古くから知られた塩類があり、これらはそれぞれ、$Fe(CN)_3 \cdot 3\,KCN$、$Fe(CN)_2 \cdot 4\,KCN$ のような組成である。ところがこのどちらも、普通の条件下では酸を加えてもシアン化水素（HCN）を遊離することはない（シアン化カリウムはきわめて薄い酸でも容易にシアン化水素を放出するのである）。日本語名の「錯塩」という名称は、このような厄介な塩類に対する名称としてはまさにぴったりであった。

十九世紀の化学者が利用できる研究手段は、ヒトの五感のほかには、まず元素分析、次には色彩の観察や水への溶解性、硝酸銀や塩化バリウムを加えた時の沈殿生成の様子などの、今から考えると超古典的な手法ばかりであった。そのために古くから知られている化合物の多くは、色彩にちなんだ名称や、最初に合成した研究者の名前がついているものが多い。つまりこうでもしなくては区別ができなかったのである。現代の抗ガン剤として有名な「シスプラチン」も、「ペイローヌ塩」という名称で古くから知られていた化合物であるが、実は塩ではなく中性分子である。

やがてファラデーやグレーアムの研究結果をもとに電気化学的な手法やコロイド科学が導入されると、この「錯塩」の大部分はイオン性の化合物であり、水溶液中で奇妙な解離を示すこともわかった。さらに、見かけ上は塩の形でも、中性分子として挙動するものも出てきたのである。逆に考えるとますますわからないことが増加したともいえる。ちょうどそのころ、炭素の四面体構造やベンゼンの六員環構造が提案されて、有機化学の世界には分子構造という概念が樹立されつつあった。同じようにこの「錯塩」の構造を論じることも試みられたが、なかなか成功しなかった。

日本語訳を「錯塩」に決めたのは、明治時代の東京帝国大学教授で、味の素の発見者としても有名な池田菊苗先生だったという。なおこの「錯」という字は、書経や易経ではもともと「かざる」とか「みがく」という意味で、象眼を施した刀形の漢代貨幣が「錯刀」と呼ばれていたことからもわかるが、やがて「入り交わる」という意味に使われるようになり、「錯簡」とか「錯誤」「錯雑」などの用法が普通となって現在に至っている。

第二節　ヴェルナーの配位説―炭素の四面体とコバルトの八面体（分子構造の概念）

アルフレッド・ヴェルナー（一八六六～一九一九）はアルザスのミュールハウゼン（現在はフランス領でミュールーズという）に生まれ、スイスのチューリヒ大学でハンチやルンゲ、トレッドウエルなどの大学者に師事した。パリに遊学後チューリヒにもどって研究を続けたが、一八九三年に、白金やコバルトの錯体について二とおりの原子価があると考えると、いろいろな難点を無理なく説明できることに気づいた。これを彼は「主原子価」と「副原子価」のように呼んだ。これがヴェルナーの配位説である。現代の目から見ると、この「主原子価」はほぼ「酸化数」に、「副原子

図 2.1　ヴェルナーの肖像写真。高弟のお一人である柴田雄次先生からご生前に伺ったところでは、ヴェルナーは晩年になってこの写真にあるように著しく肥り出し、研究室の悪童連から「メッツガー（肉屋の親父さん）というニックネームを奉られるほどになったが、若いころはスマートで細面のなかなかの男前であったそうである。だが、そのころの写真はほとんど残っていないらしい。

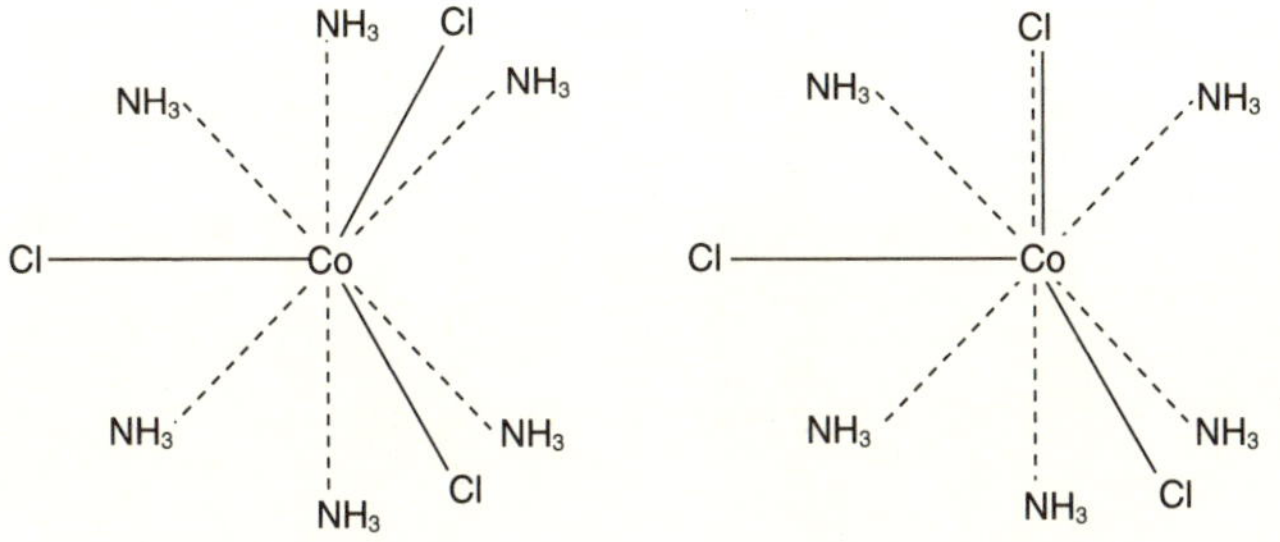

$[Co(NH_3)_6]Cl_3$　　$[CoCl(NH_3)_5]Cl_2$

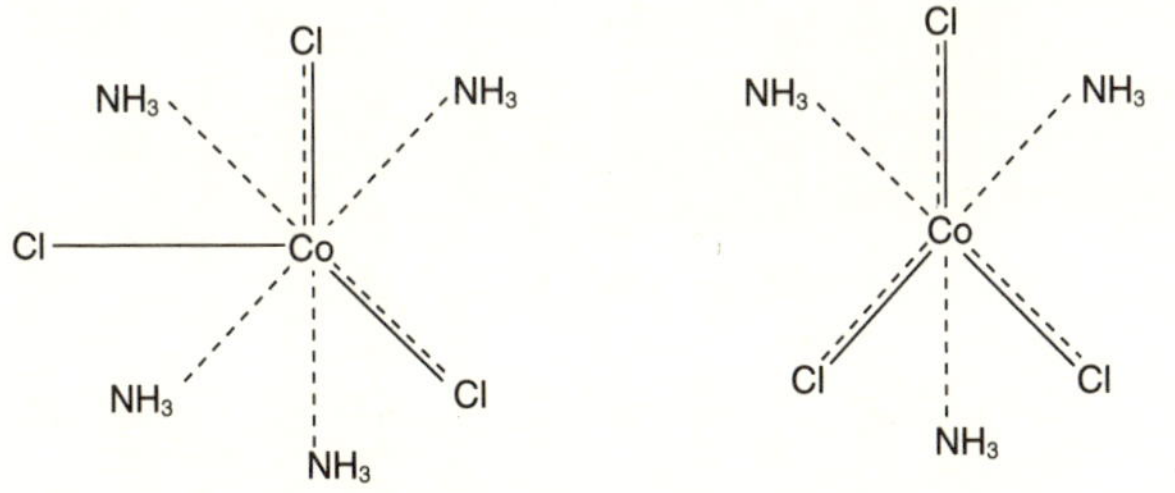

$[CoCl_2(NH_3)_4]Cl$　　$[CoCl_3(NH_3)_3]$

図 2.2　主原子価（実線）と副原子価（破線）を示した略図。破線は正八面体骨格を示す。

価」は「配位数」にそれぞれ対応しているといえなくもない。厳密なことをいうと、ヴェルナー自身の考え方自体も次第に変化（進展）してきているので、簡単にこういい切るのはいささか危険かも知れないが、大づかみのところはほぼこのとおりである。

この際に金属イオンに結合する原子団やイオンを「配位子（リガンド）」と呼ぶのだが、金属イオンそれぞれに対して結合可能な配位子の数（つまり副原子価の上限に相当する）は特定の値を取り、二価の白金（Pt^{2+}）ならば四、三価のコバルト（Co^{3+}）や四価の白金（Pt^{4+}）ならば六となる。そうすると、Pt^{2+}とアンモニアと塩化物イオンとからなる化合物は二種類あることから、これは平面正方形構造でしかあり得ない（炭素のように正四面体だったとすると、一種類しかないはずである）し、Co^{3+}のジクロロテトラアンミン錯体には二種類あることも、正八面体構造を仮定すれば自明の結果となる。さらにエチレンジアミン（$NH_2CH_2CH_2NH_2$、よくenと略記する）一分子で、隣接する二個のアンモニア分子を置き換えてつくった$[Co(en)_3]^{3+}$の形の錯体は、対称面を持たないから光学活性を示す（つまり平面偏光を通すと、偏光面を左右どちらかに回転させる）はずである。この予測はのちに正しいことが確かめられ、Co^{3+}錯体が正八面体構造であるということが確証された。もちろんこれ以外にもさまざまな形の錯体があるが、最初から全部を包括するとかえってわかりにくくなるので、とりあえずここまでにする。

錯体の名称もこのころに系統的なものが定められた。その後研究分野が拡大するにつれて、いろいろと細かい記載が可能となるようにいささか煩雑ともいえる命名システムとなったのだが、最初の大づかみのところはそれほど面倒なものではない。あらましを表2・1にまとめておく。

配位子としての水分子やアンモニア分子は、遊離の場合とはずいぶん違った挙動を示すので、それぞれ「aqua（アクア）」、「ammine（アンミン）」と呼ぶ。陰イオン性の配位子は語尾を「-o」で統一する。Cl^-ならchloro（クロロ）、CN^-ならcyano（シアノ）、$SO_4{}^{2-}$ならsulfato（スルファト）というようになる。

錯体の化学式の書き方は次のようである。配位結合をしている部分は角括弧［　］の中に入れ

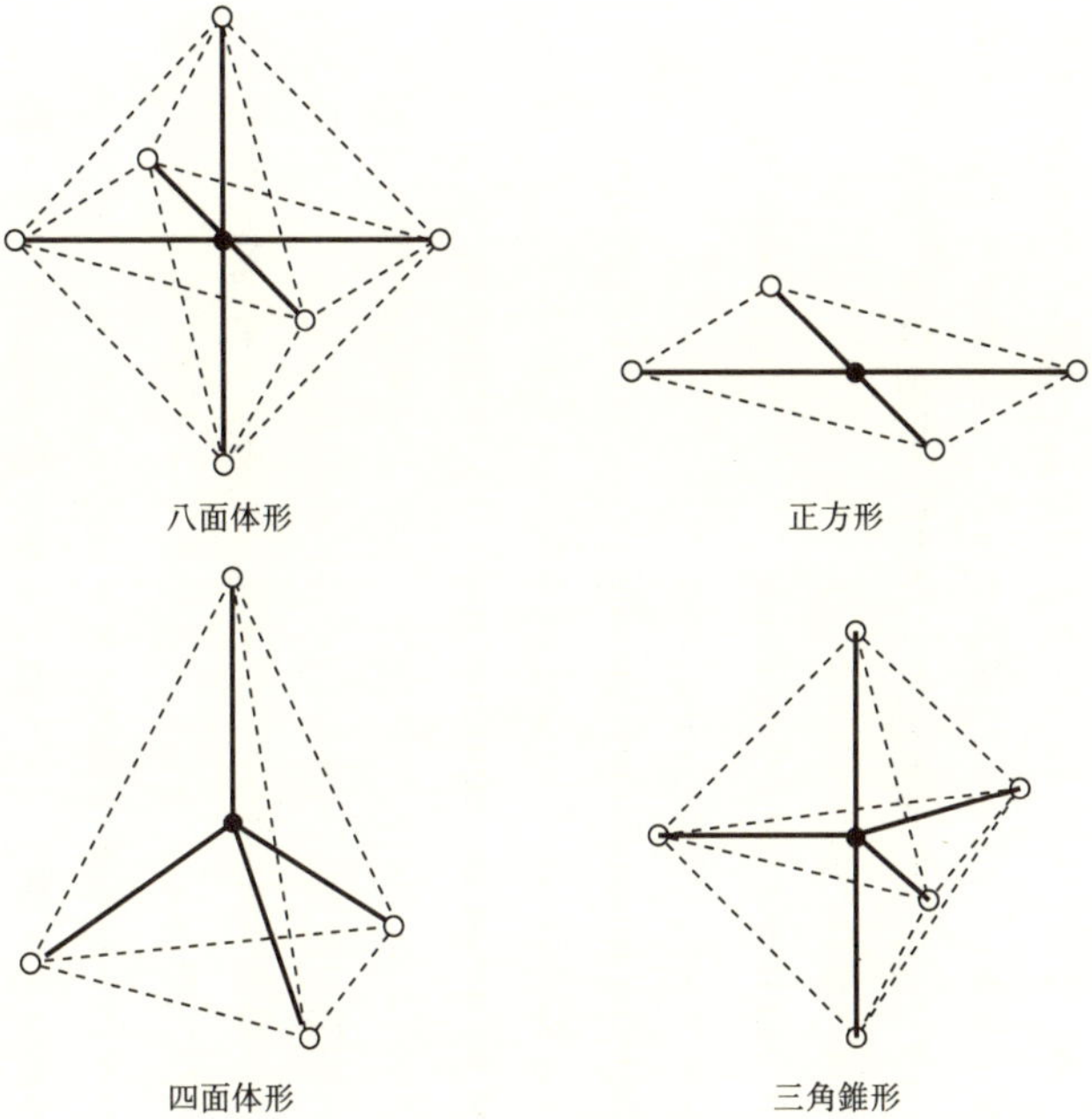

図 2.3　錯体の形

表 2.1　命名法のあらまし

数	1	2	3	4	5	6	7	8	9	10
接頭辞	mono	di	tri	tetra	penta	hexa	hepta	octa	ennea	deca
読み方	モノ	ジ	トリ	テトラ	ペンタ	ヘキサ	ヘプタ	オクタ	エンネア	デカ

配位子自体が複雑で、接頭辞と同じような数詞を含む場合には、下記のような別の接頭数詞を用いる

数	1	2	3	4	5	6	7	8
	Monokis	bis	tris	tetrakis	pentakis	hexakis	heptakis	octakis
読み方	モノキス	ビス	トリス	テトラキス	ペンタキス	ヘキサキス	ヘプタキス	オクタキス

る。そして、[Pt　]のように金属元素を左に書く。金属元素のあとに陰イオン配位子、中性配位子、陽イオン配位子の順に書く。錯イオンが陽イオンなら対の陰イオンを括弧の後ろに書き、錯イオンが陰イオンなら対の陽イオンを括弧の前に書くこととなる。錯体の読み方は配位子から読み始める。種類の違う配位子があればアルファベット順に読む。このあとに中心金属イオン（酸化数をローマ数字で記す）を書く。錯イオンが陰イオンの時のみ金属のあとに酸をつける。英名では ate をつける。これが錯体命名法のシステムで、無理に暗記する必要はない。

いくつか例を示そう。

$[CoCO_3(NH_3)_4]Cl$　tetraamminecarbonatocobalt(III) chloride
　テトラアンミンカルボナトコバルト(III) 塩化物

$[CoC_2O_4(en)_2]^+$　bis(ethylenediamine)oxalatocobalt(III) ion
　ビス（エチレンジアミン）オキサラトコバルト(III)イオン

$K_4[Fe(CN)_6]$　potassium hexacyanoferrate(II)
　ヘキサシアノ鉄(II)酸カリウム

この最後の例は前にも記した「黄色血滷塩」、あるいは「黄血塩」と呼ばれるものであり、「滷」はアルカリを意味する。つまり鉄鍋でアルカリと血液を処理してつくった黄色の塩ということがわかる。ただし、組成や構造はこれからはわからない。やがて「フェロシアン化カリウム」のような命名が六〇年ぐらい前から使われるようになったが、これはシアン化第一鉄（ドイツ語では Ferrocyanid（フェロツィアニート）という。英語の ferrous cyanide にあたる）のカリウムとの化合物という意味で、前に記した複塩としての表示にあたる。これに対して Fe^{3+} の同様な化合物が「赤色血滷塩」、あるいは「赤血塩」であったが、こちらは「フェリシアン化カリウム」であった。

今の系統立ったシステムを用いる命名法であれば、棒暗記の必要などさらさらないのだが、工業現場などでは昔風の名称の方が通用している。だが、系統立った命名法を理解すると、化学式を媒介にして相互の対照や翻訳が可能だから、なるべくこの規則に従う方がよい。

コバルトや白金錯体における異性体の存在は、ヴェルナーの研究以前から知られていたが、これらの構造との対応をきちんと整理できたのもヴェルナーの功績である。二重結合を含む有機化合物の場合、置換基が同じ側にある方を *cis*-（シス）、反対側にあるものを *trans*-（トランス）異性体として区別するが、金属錯体の場合にも、隣接して配位しているものが *cis*-、中心金属を間に挟んで反対側にあるものを *trans*- 異性体と呼ぶことにする。たとえば、コバルト(III)のテトラアンミンジクロロ錯体には、緑色と紫色の二種類の塩があることが知られていた。当初は色調によってそれぞれ praseo（プラセオ）塩、violeo（ヴィオレオ）塩と呼んで区別するしかなかった。この praseo は、元素名の「プラセオジム」と同じく鮮緑色を意味するし、violeo は菫色（紫色）の意味である。これは構造を考えると次のような名称となる。

プラセオ塩　　*trans*-$[CoCl_2(NH_3)_4]X$

トランス-テトラアンミンジクロロコバルト(III)塩

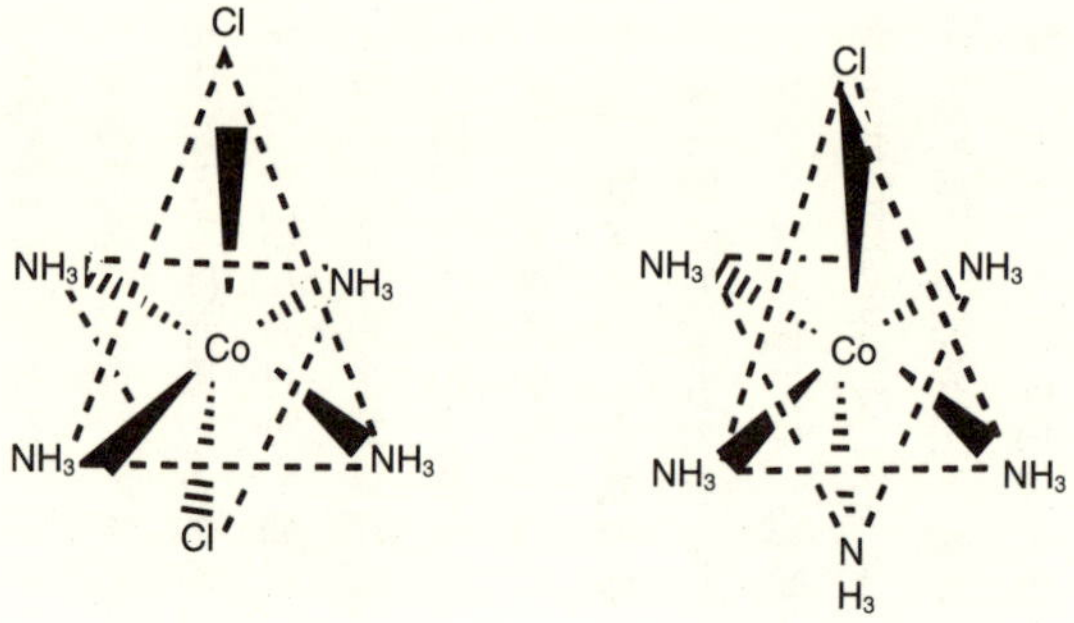

trans-tetraamminedichloro cobalt (III) complex cation
プラセオ塩の陽イオン

cis-tetraamminedichloro cobalt (III) complex cation
ヴィオレオ塩の陽イオン

図 2.4　プラセオ塩とヴィオレオ塩の構造

ヴィオレオ塩　*cis*-$[CoCl_2(NH_3)_4]X$
シス-テトラアンミンジクロロコバルト(III)塩

ということになる。

抗ガン剤として名高くなったシスプラチンの正式名は「シス-ジアンミンジクロロ白金」で、英語だと *cis*-diamminedichloroplatinum (II) となる。つまり二個の NH_3 配位子と二個の Cl^- 配位子がそれぞれ隣り合った (*cis*-の) 位置に結合している *cis*-$[Pt(NH_3)_2Cl_2]$ であることがこの名称からすぐにわかる。ドイツ語なら *cis*-Diammindichloroplatin (II) だから、薬品としての通称はこちらの頭と尻尾をつないでできたのであろう。

やがて、以前は「分子内錯塩」などと呼ばれた中性の分子や、塩を形成する前のイオンそのものをも扱えるようになると、これらをあらわすためには「塩」という言葉はしっくりしないために一九六〇年代に「錯体」という言葉が提案され、現在に至っている。この提案者は東京工業大学の故稲村耕雄教授であるという。当時これとは別に「錯子」という用語も提案されたが、ニュアンスが悪いためか採用されなかった。これは現代中国語でイオンのことを「離子」というのに因んだといわれる。

もともと *cis*- と *trans*- はラテン語で「こちら側」と「向こう側」を意味していた。ユリウス・カエサル（ジュリアス・シーザー）の時代、ガリア（今日のフランスを意味する雅名であり、元素名のガリウムのもとでもあるが）と呼ばれた地域はずいぶん広い範囲であり、ローマからみてアルプスの南側（手前側）、つまり今日のミラノやトリノ周辺は「Gallia cisalpina」つまり「アルプスのこちら側のガリア」と呼ばれていた。その歴史があるため、パリとミラノを結ぶ豪華列車に「シザルパン（Cisalpin）」（イタリア語では「チザルピーノ（Cisalpino）」）という名称がついていた。今日のフランスは「Gallia transalpina」と呼ばれる未開地域で、カエサルの「ガリア戦記」に記されているようにまったくの僻地であった。

第三章　錯体の色

第一節　光と錯体—光で錯体の形を知る

古くから知られていた「錯塩」の中には、特徴的な色彩を示すものが少なくない。この中で、水溶液にしても比較的安定なために、昔風のいささか荒っぽい研究手法でも対象となし得るものとしてコバルト(Ⅲ)錯体があった。前述のようにヴェルナーが自分の配位説を組み上げるためにも活用したのだが、この水溶液の吸収スペクトル測定が広範囲、かつ熱心に行われたのも実はわが国なのである。

スイスのチューーリヒの連邦工科大学のヴェルナーのところに留学後帰朝された柴田雄次教授は、イギリスのアダム・ヒルガー社に分光写真機を注文された。これはもともとアークスペクトル発光分析のためのものである。これで鉄のアークスペクトル（きわめて多数の線よりなるが、それぞれの線の波長は精密に測定されている）を写真乾板上に記録し、試料の発光スペクトルと比較して、どの元素がどのぐらいの量で存在するかを求めるのだが、水溶液の吸収スペクトルを測定するには、ベリー（Baly）管と呼ばれる図3・1のような巨大なシリンジ状のセルに溶液を満たし、液層の厚さを変えて、鉄のスペクトルが写真乾板に届くかどうかを測ることになる。光が吸収されてしまうと、写真乾板上には光は届かなくなる。現在ではこの方法で吸収スペクトルを測定することはもうないから、スペクトルの実測例もみることはきわめて難しいが、戦前版の理化学辞典（岩波書店）の挿絵になっているものを紹介しておこう（図3・2）。この縦軸はベリー管中の溶液の厚さ（ミリメートル単位）である。

現在では、石英製の透明なセルに試料溶液を満たしてスペクトロフォトメーター（分光光度計）のホルダーに設置し、ボタン一つ押せば、数分間できれいな吸収スペクトルが簡単に記録できるのだが、当時はこのアークスペクトル法以外には定量的なスペクトル測定の手段はなかった。だから一つの試料の吸収スペクトルをきちんと測定するだけでも下手をすると一日仕事であった。そのために水溶液でもなかなか分解しないコバルトやクロムなどの錯体しか研究対象とはなり得なかったのである。だが、この大変な苦労の結果、重大なことが判明したのである。

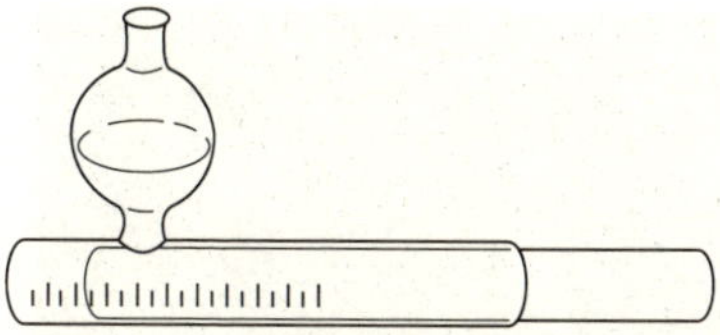

図 3.1　ベリー管（中空の内管を調節して液層を加減する）

① 多くの遷移金属錯体には、可視・紫外部にかけて三本の吸収帯が存在している。

② この吸収帯の波長は、配位子を代えると変化し、その変化の順序は金属イオンを代えてもほぼ一定である。

③ 吸収帯が短波長側にある錯体ほど安定性が大きい。だから長波長側に吸収帯のある錯体を短波長側に吸収帯のある錯体に変えるのは容易であるが、逆はむずかしい。

ここで、特に同じタイプの錯体について、第一吸収帯（もっとも長波長側に出現するもの）の波長の短波長側から長波長側へ（電磁波のエネルギ

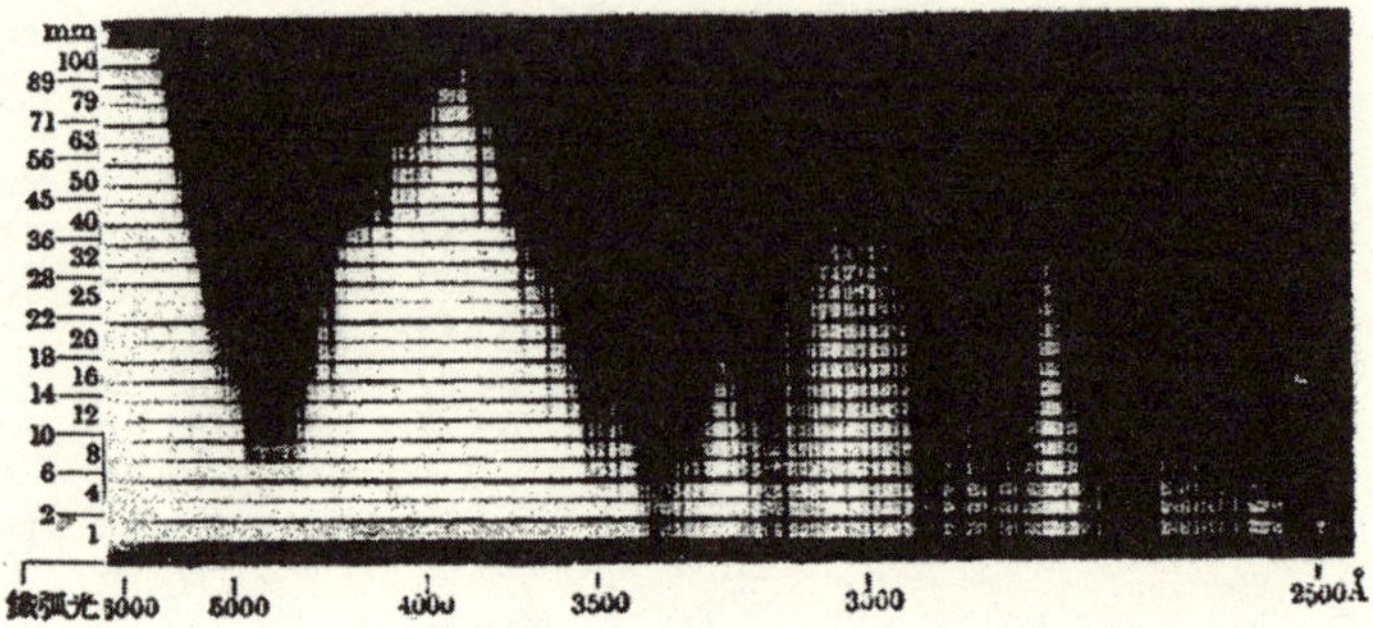

図 3.2　ルーテオ塩（ヘキサアンミンコバルト（III）錯塩）のアーク法による吸収スペクトル。縦軸はベリー管の目盛り（液層の厚さ）である。(理化學辭典（初版）、p. 751、岩波書店（1935））

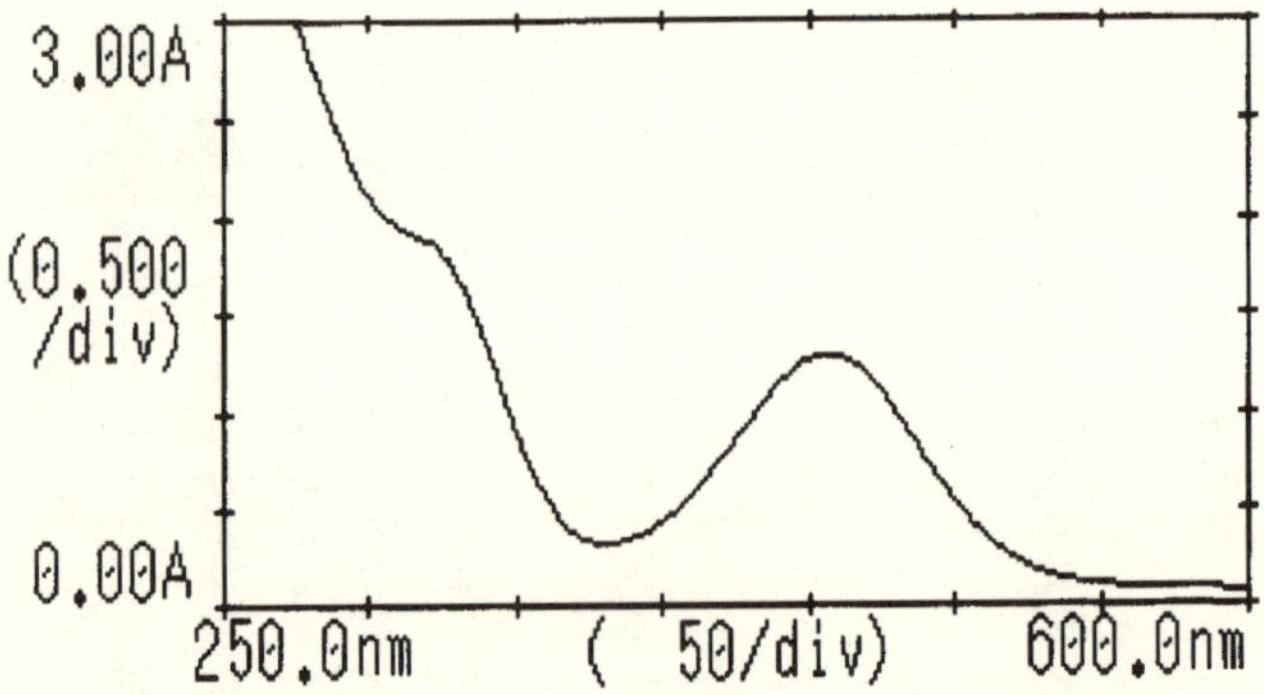

図 3.3　現在の自記分光光度計で測定した $[Co(en)_3]^{3+}$ の吸収スペクトル。図 3.2 を天地返しにしたものにあたる。同じように、CoN_6 タイプでも、第一吸収帯の極大波長が 450 nm にあらわれていることに注意。

ーに換算すると、大きな方から小さな方へ）並べてみると、たいていの場合には金属イオンが変わってもほぼ同様の一定の順序で変化することがわかっている。典型的な場合を掲げよう。ここでは $Co(NH_3)_5X$ タイプのもの（一部例外もある）を例とした。他の元素の錯体でもほぼ同じであるが、全部が揃っている例は少ないし、時として逆転する例もある。単座と書いてあるのは配位子が一個の原子だけで金属原子と配位結合していることを示す。二座は配位子中の二個の原子が金属に配位していることである。エチレンジアミン（en）やビピリジン（bipy）、フェナントロリン（phen）はもともと二座配位子で、単座の錯体をつくることは少ないが、ここでは一緒に並べてある。

$CN^- > NO_2^- > SO_3^{2-} >$ bipy, phen $>$ en $> NH_3 > ONO^- > NCS^- > OH_2 > C_2O_4^{2-}$（二座）$> ONO_2^-$, $OSO_3^{2-} > CO_3^{2-}$（二座）$> CH_3COO^- > C_2O_4^{2-}$（単座）, OCO_2^{2-}（単座）$> S_2O_3^{2-} > F^- > N_3^- > Cl^- > Br^- > I^-$

これが「分光化学系列」と呼ばれるものであり、一九三八年に槌田龍太郎先生によってはじめて報告された。のちの吸収スペクトルの理論（結晶場理論や配位子場理論）や錯体の磁性の研究、さてはＮＭＲスペクトルの解釈などに大きく役立ったのである。

この系列で前に位置するものの方が安定な錯体をつくりやすいことは、硫酸銅の水溶液（溶存しているものはアクアイオン $[Cu(OH_2)_6]^{2+}$ である）にアンモニアやエチレンジアミンを加えると、容易に $[Cu(NH_3)_4]^{2+}$ や $[Cu(en)_2]^{2+}$ を生じることからもわかる。これらの溶液に酸を加えて遊離の配位子濃度を減少させると、テトラアンミン銅錯体はやがてもとのアクアイオンにもどるが、エチレンジアミン錯体は分解しない、つまりもっと安定度が大きいことがわかる。

第二節　光学活性―右ネジ型左ネジ型

まったく対称性のない分子を考える。たとえば、炭素原子に四種の異なる原子が結合した場合である。この分子を鏡に映すと、映す前の分子との関係は右手と左手のような関係になり重ね合わせることができなくなる。もとの分子と鏡に映した分子とに偏光した光をあてると偏光面の回転方向が反対になる。このような分子は光学活性があるという。

ヴェルナーの研究は、レントゲンによるX線の発見（一八九五）や、ラウエによるX線回折（一九一二）の創始よりもずっと前に行われたものであるから、当時は誰一人として実際の錯イオンの構造を確かめる手段はなかった。先にも記したトリスエチレンジアミンコバルト(Ⅲ)イオン$[Co(en)_3]^{3+}$は、モデルを組んでみるとまさにネジのような形をしていて、その昔最初に酒石酸の塩を光学分割したパストゥールが、「光学活性物質はネジのような構造を持っているはずだ」という予言を行ったとおりの形状である。ヴェルナーのよく使ったモデル（前にも書いたように何とおりもあるが、今の説明に有効なのは三回対称軸方向からみたもの）は図3・4のようなものであるが、これと実際の光学活性の$[Co(en)_3]^{3+}$の構造を比べてみるとよくわかるだろう。

ところが、実際にこの陽イオンを光学活性な二つの異性体に分ける試みはなかなか成功しなかった。ヴェルナーは最初のころ、バストゥールが酒石酸の塩を対象にして行ったように、自然分晶によって別々のものが晶出するのではないかと考えたという。だがこれは、いろいろと条件に恵まれた場合でもきわめて希にしか起きない。大阪大学の故新村陽一教授の研究室でずいぶん詳しい研究が行われたが、現在まで自然分晶が報告された例はわずか二〇数例そこそこである。コバルト(III)の化合物以外だともっと少ない。

そこで次には、天然有機化合物でもともと片方の旋光性を持つ酸の塩をつくり、これを結晶させることを試みたが、これもなかなかうまくゆかず、思いどおりの結果が得られなかったのである。そんなある日、$[Co(en)_3]^{3+}$ のブロムカンファースルホン酸（天然の樟脳（ショウノウ）を原料としてつくるので、当然ながら光学異性体の片方だけである）の塩をつくらせて、析出した結晶の中の陽イオンを、別の形の塩（ヨウ化物だったというがほかの説もある）に変えて旋光性を測定したところ、明らかに偏光面の回転がみとめられた。長年の予測が見事証明されたのである。この実験をやっていた学生は、ヴェルナーがたまたま講義中だったのにもかかわらず教室へ飛び込み「先生！まわりました！(Es dreht !)」と大声で報告したという。

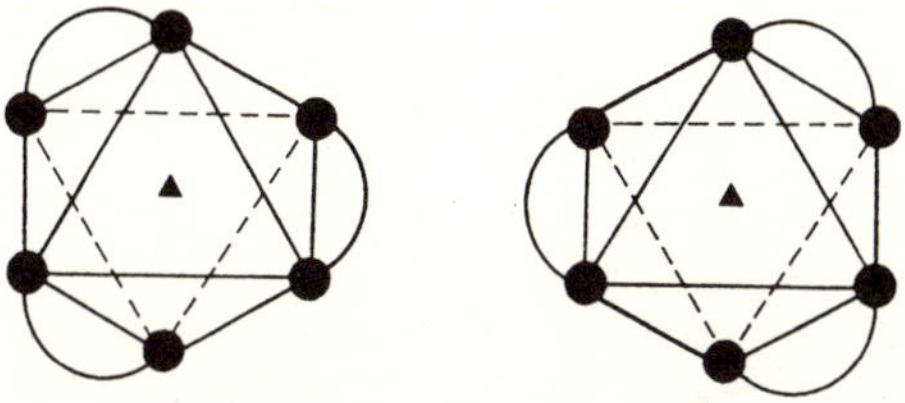

Λ　　　　Δ

図 3.4　光学異性体のモデル。Λ-、Δ-$[Co(en)_3]^{3+}$ と Δ-*cis*-$[Co(a)_2(en)_2]$。▲は3回軸。

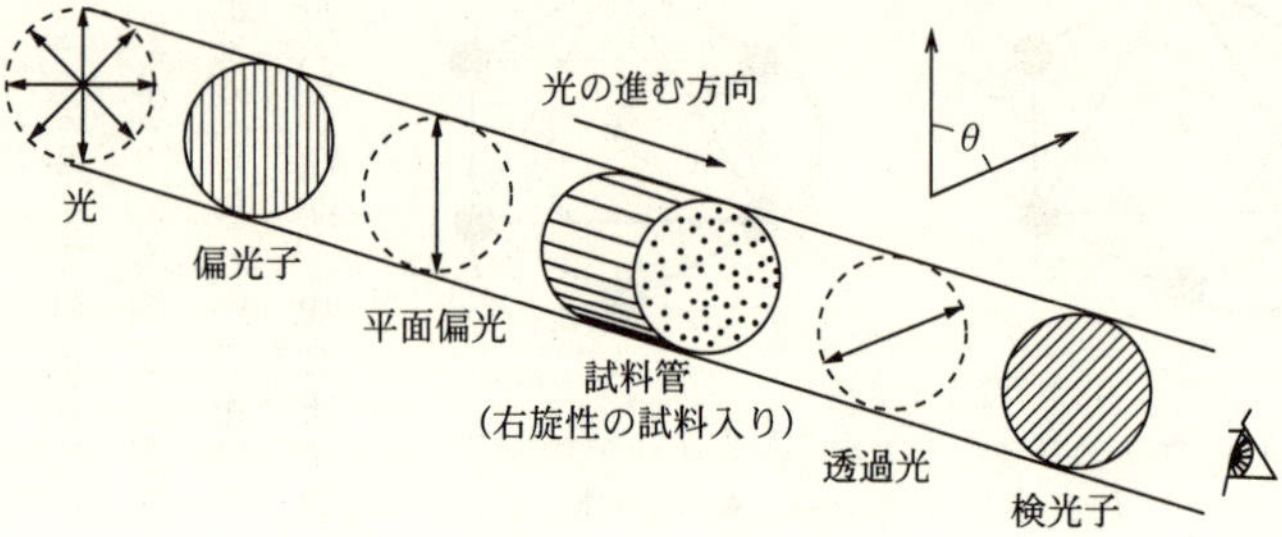

図 3.5 旋光性の模式図

旋光性

通常の光線は電気ベクトルがランダムな方向に向いているのだが、方解石結晶やポラロイドフィルム（偏光子）などを通過させると、図3・5のように特定の向きの電気ベクトルを持つものだけ、つまり振動方向がある方向のものだけになる。このような光のことを「平面偏光」という。

このような平面偏光を、ブドウ糖やアラニンなどの光学活性物質の溶液中を通過させたとき、偏光の向きはどちらかに回転する。右向きの回転を通常はプラス記号、左向きはマイナス記号で表現するが、dextrorotatory（右旋性）とlaevorotatory（左旋性）の頭文字から、d- とl- であらわすことも多い。

この時にさる大先生は、この光学活性の出現は、ヴェルナーのモデルのような、金属イオンを原因とする不斉（対称面を持たないこと、dissymmetry）のためではなくて、配位子のエチレンジアミン分子の炭素が奇妙な立体配座をとらされることによるのだと頑強に自説を曲げなかったという。

ヴェルナーは、このコメントが頭にきたわけでもないであろうが、炭素原子をまったく含まない光学活性錯体をつくることに成功した。これは現在「ヘキソール塩」とも呼ばれるものであるが、今のエチレンジアミン原子団を、テトラアンミンジオールコバルト原子団で置き換えたものにあたる。合成はそれほど難しくはない。炭素原子を一個も含まないのに分子旋光能は著しく大きな値を示し、低濃度でも検出できる。

この種の光学活性錯体のX線構造解析が精力的に行われたのは、東京大学の物性研究所の斉藤喜彦教授（放送大学でもお馴染みである）の研究室においてであり、一千例にも及ぶ貴重な解析結果が報告されている。

図3・6にその一例を示すが、ここで用いられているギリシャ文字の大文字のΔとΛは、それぞれ右ネジ型の絶対構造と左ネジ型の絶対構造を意味するものであり、実際の偏光面の回転の向きをあらわすものではない。

配位子と金属イオンとの間の結合は、配位原子の孤立電子対（ローンペア）が金属イオンに供与された形である。つまり、アンモニアがアンモニウムイオンを形成するのと本質的には同じともい

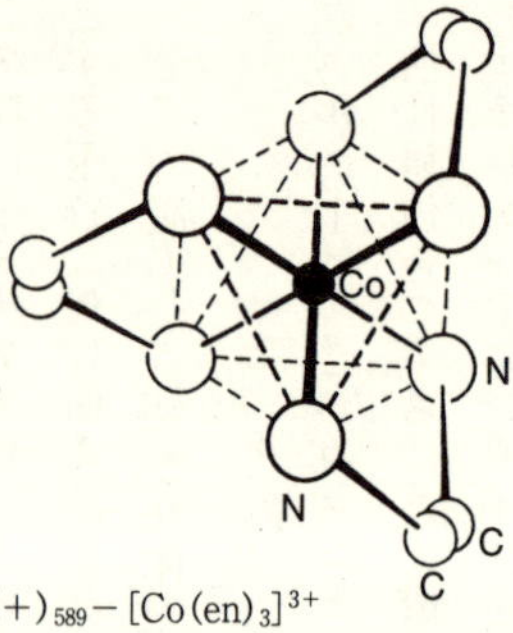

(+)$_{589}$−[Co(en)$_3$]$^{3+}$
○(+)$_{589}$−2[Co(en)$_3$]Cl$_3$. NaCl. 6H$_2$O

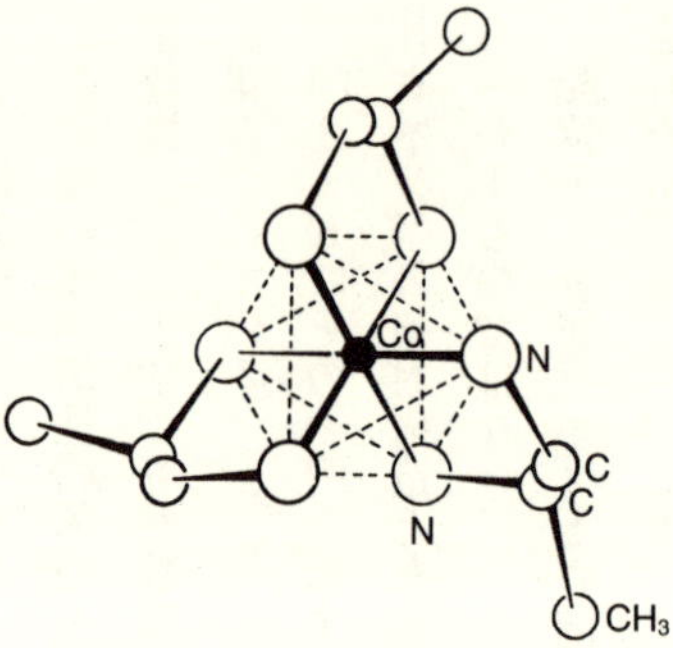

(−)$_{589}$−[Co(−pn)$_3$]$^{3+}$
○(+)$_{589}$−[Co(R−pn)$_3$]Br$_3$

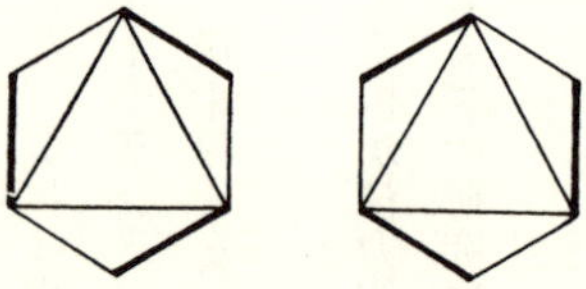

Δ　　Λ

図 3.6 エチレンジアミン（Y. Saito, K. Nakatsu, M. Shiro, H. Kuroya, Acta Crystallogr., **8**, 729 (1955), Bull. Chem. Soc. Japan, **30**, 795 (1957)）、プロピレンジアミン（H. Iwasaki, Y. Saito, Bull. Chem. Soc. Japan, **39**, 92 (1966)）のコバルトキレートの構造。ネジ山型のキレート骨格がよくわかる。

える。

これは考えてみるとルイスの塩基（電子対過剰）からルイスの酸（電子対不足）へと一対の電子が供与されて結合を生成することにあたる。ほとんどの金属イオンは空いている軌道（オービタル）を持っているし、配位子の方はほとんど例外なくローンペアをもつものばかりである。

この「配位による化学種（錯体）の生成」という概念はきわめて便利であり、拡張すると、メタンは炭素（C^{4+}）に四個の水素（H^-）が配位した錯体分子と見なすこともできる。つまり共有結合も一つの極端と考えてもいいのである。一方ではきわめて弱い（完全なイオン結合に近い）ようなものまで含めた取り扱いがされることも少なくない。だから逆に考えると「配位化学」こそが物質学（化学）であるといえなくもない。先にもちょっと記した吸収スペクトルや、鉱物、結晶中におけるイオンの位置や挙動、色中心の解析などにもよく「何配位のサイト」というような表現が用いられている。

たとえば、造岩鉱物やニューセラミックスとして有名な苦土カンラン石（フォルステライト）はオルトケイ酸マグネシウムに相当する組成（Mg_2SiO_4）であるが、「酸素イオンの緊密充塡構造の中の四配位サイトにケイ素のイオン（Si^{4+}）、六配位サイト（八面体サイト）にマグネシウムイオン（Mg^{2+}）が存在している」というような記載が行われている。つまりこれも考え方によっては立派な「錯体」なのである。これらをアルカリ金属のアルコキシドと加熱分解処理を行った結果は、まさに四配位のサイトにあるケイ素の存在を示し、生成物の大部分はテトラアルコキシケイ素、すなわちオルトケイ酸のアルキルエステルとなる（ほかのポリケイ酸塩だと、もっと複雑なケイ酸エステルポリマーが得られる）。

ルビーやサファイヤなどの鮮やかな色は、コランダム（アルミナ）中に微量存在しているクロムや鉄、バナジウムなどのイオンによるものだが、これはまさに結晶構造中の特定のサイトにおけるこれらのイオンの受ける場（結晶場、あるいは配位子場）の影響のためである（クロムイオン（Cr^{3+}）は水溶液では紫色、酸化物では緑色（黒板の色である）であるが、アルミナの中ではこれらとはかなり異なった環境下にあることがわかる)。

第三節　HSAB理論―似たものが結合する

配位結合がルイスの酸とルイスの塩基との反応とみなせるとすれば、この説明のためにきわめて便利な理論として、よくHSAB理論と略称されるものが用いられる。これはHard-Soft Acid-Base Theoryの略称であるのだが、ルイスの酸塩基の電子雲の変形の難易度(剛―柔性)によって、安定な結合のできやすさが違ってくるというのである。ことわざにも「牛は牛づれ」というが、ソフトな酸はソフトな塩基と結合する方が、ハードな塩基とよりも安定な錯体をつくりやすく、またハードな酸はハードな塩基との相性がよく、ソフトな塩基との錯体は安定度が小さくなる。

裸のプロトン、つまり水素イオンは電子雲を持たないから、もっともハードな酸と見なせるが、いろいろな金属のイオンを比べてみると、酸化数が大きいほど(つまり核外電子が少ないほど)ハードである。また同じ価数のイオンであれば、原子番号が大きいほど(電子数が多いほど)ソフトとなることは想像できるだろう。

陽イオンの定性分析で、硫化水素属とか、水酸化物属のような大分類をよく行うが、硫化物イオンはソフトな配位子の典型であり、水酸化物イオンの方はハードなイオンと見なせる。だから硫化物の沈殿をつくらせると、ソフトな陽イオンが硫化物となって析出するが、ハードな陽イオンは安定な結合をつくらないので溶液中に残る結果となる。

この理論の源となるようなアイディアはずいぶん昔にあり、イオンや分子の分極しやすさ（電子雲の変形のしやすさ）によってAタイプとBタイプに分けるという試みもあった。だが今日の形に整理したのはアメリカのピアソンである。次に例を挙げる。

$Ca^{2+} + S^{2-} \rightarrow \times$　　$Ca^{2+} + 2F^{-} \rightarrow CaF_2$

$Al^{3+} + S^{2-} \rightarrow \times$　　$Al^{3+} + 4F^{-} \rightarrow [AlF_4]^{-}$

$Hg^{2+} + S^{2-} \rightarrow HgS$　　$Hg^{2+} + F^{-} \rightarrow \times$

$2Ag^{+} + S^{2-} \rightarrow Ag_2S$　　$Ag^{+} + F^{-} \rightarrow \times$

ここで、×は反応しないという意味である。

ソフトな金属イオンの場合には、二重結合や芳香環の π 電子も配位可能となり、有機金属錯体をつくりやすくなる。白金にエチレンの配位したツァイゼ塩とか、鉄(II)にシクロペンタジエンの陰イオン二個がサンドイッチ状に配位して鼓型の分子となったフェロセンなども有機金属錯体の例である。

第四節　結晶場の理論―結合の話

錯イオンの可視・紫外領域における吸収スペクトルの説明を最初に行ったのはアメリカのベーテ（一九〇六〜）である。ベーテは結晶にX線などの高エネルギーの放射線を照射したとき、食塩（塩化ナトリウム）のような無色の結晶が強く着色する現象の研究をしていた。この色の原因は「色中心」とも呼ばれる結晶格子の中の欠陥であり、塩化ナトリウムの場合であれば、塩素の原子がたたき出されたあとに一個だけ電子がトラップされて「F中心」というのが主に生じるのだが、この電子のエネルギー遷移を理論的に解釈したのである。つまり「結晶」というフィールド（静電場）の中における電子の挙動である。

塩化ナトリウムは図3・7のように等軸晶系（立方晶系）に結晶する。だから、ナトリウムイオンの周りには前後左右上下ともに等距離の位置に塩化物イオンが六個位置しているし、逆に塩化物イオンの周囲も同じように六個のナトリウムイオンに囲まれている。このサイトに本来の塩化物イオンの代わりに電子がすわっているとすると、当然ながらエネルギー的には著しく不安定な状態にあり、電子のエネルギーレベルも通常とは大きく異なっている。

原子の周りにある電子の軌道（オービタル）は、低い方から1s、2s、2pのように並んでいるが、通常は最低のエネルギー順位の近くだけを扱っていればすむ。ところがこのF中心の中にある電子

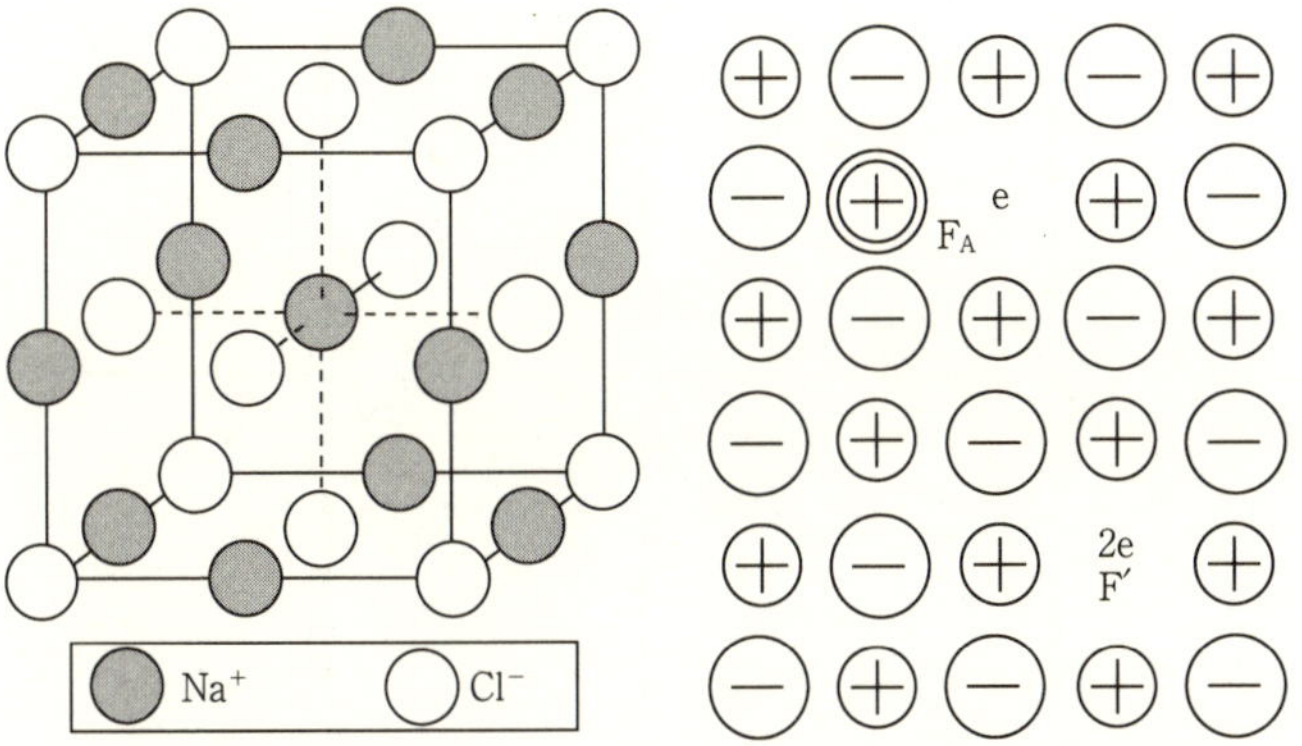

塩化ナトリウム型　　ハロゲン化アルカリにおけるF中心

図 3.7　塩化ナトリウム結晶とハロゲン化アルカリにおけるF中心

はもっと励起された（エネルギーをたくさん保持している）状態にあり、ほぼ3d軌道に相当するエネルギーを持っている。d軌道は本来は五つの等しいエネルギーの軌道（この等しいエネルギーであることをよく「縮重」していると表現する）であるが、図3・8の略図のように軌道の形状（空間分布）はそれぞれ違う。

球対称の場に納まっている場合なら、この中心にある一個の電子の五つの軌道のエネルギー順位には差が生じないのだが、結晶の中では、図3・8で見るように上下左右前後に別のイオンの電子雲のかたまりが位置しているわけだから、軸方向にある電子は当然ながら反発を受けるだろう。すると、この座標軸方向にある軌道（d_{z^2}, $d_{x^2-y^2}$）には電子は入りにくく（エネルギーが高く）なり、座標軸と食い違っている方(d_{xy}, d_{yz}, d_{zx})の方が納まりやすくなる。つまりエネルギー的に低くなる。この状態を示したのが図3・9である。

この下の方の軌道に入っている電子が、上の軌道との

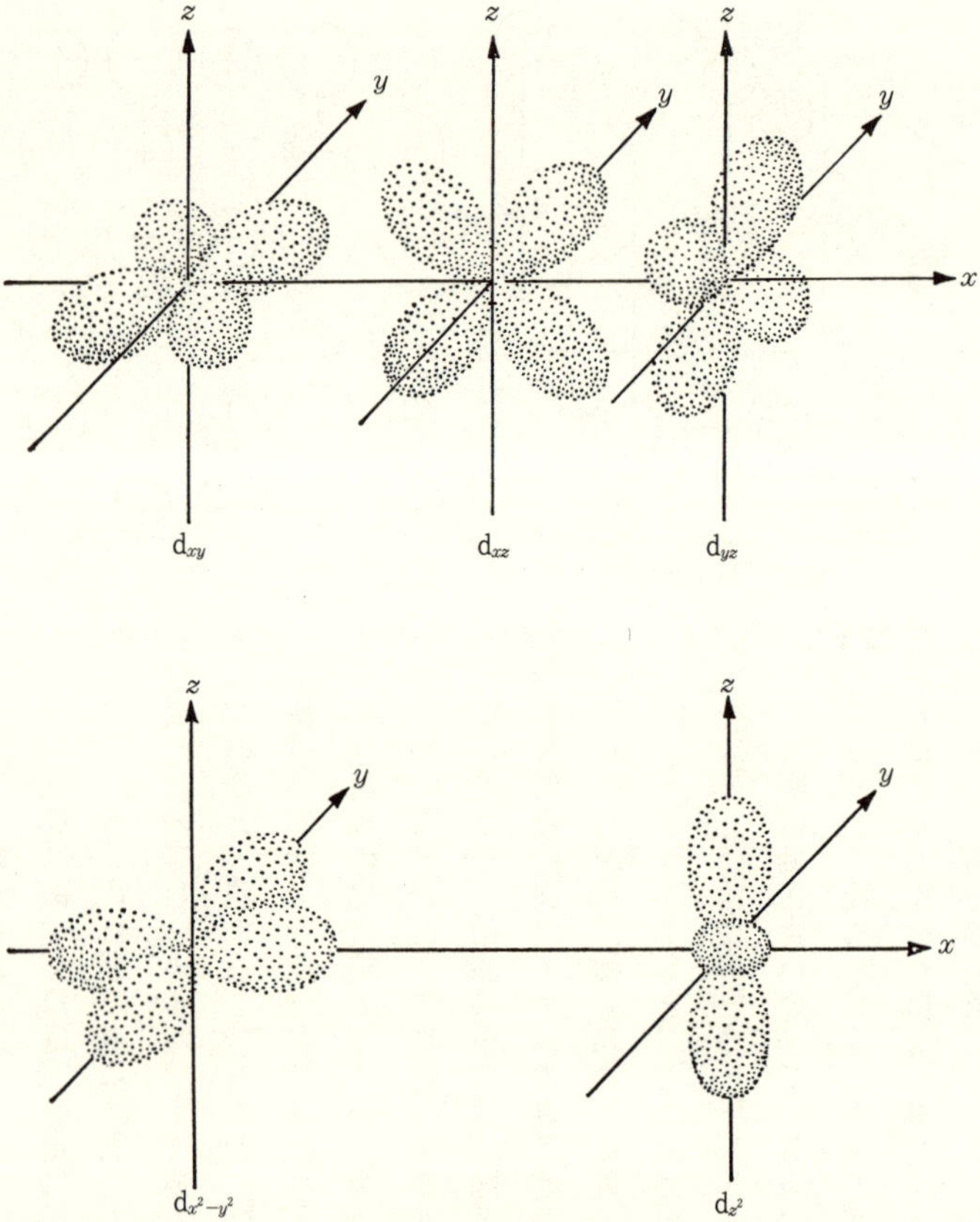

図 3.8　五種類の d 軌道

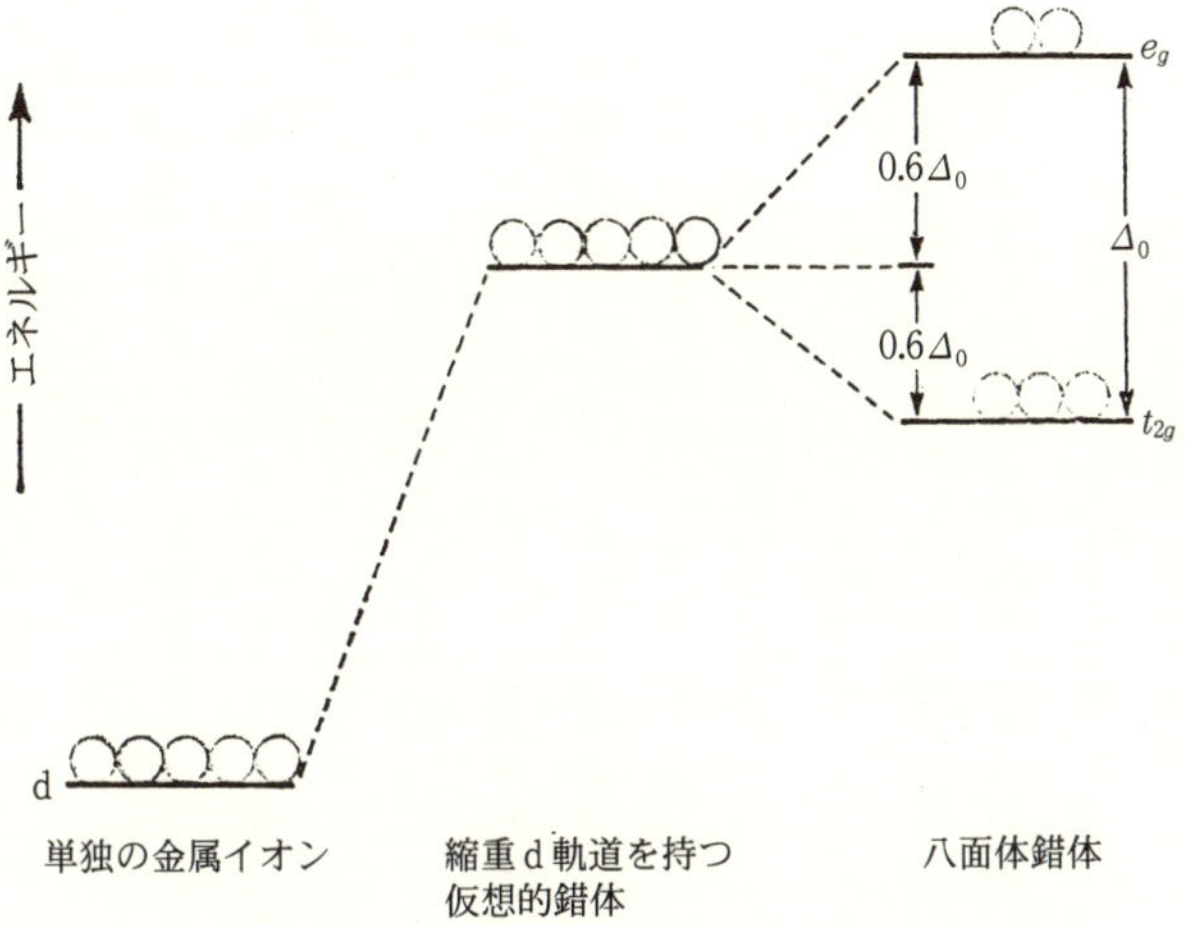

(a)　単独の金属イオン、結晶場分裂のない仮想的錯体および八面体錯体におけるd軌道エネルギー

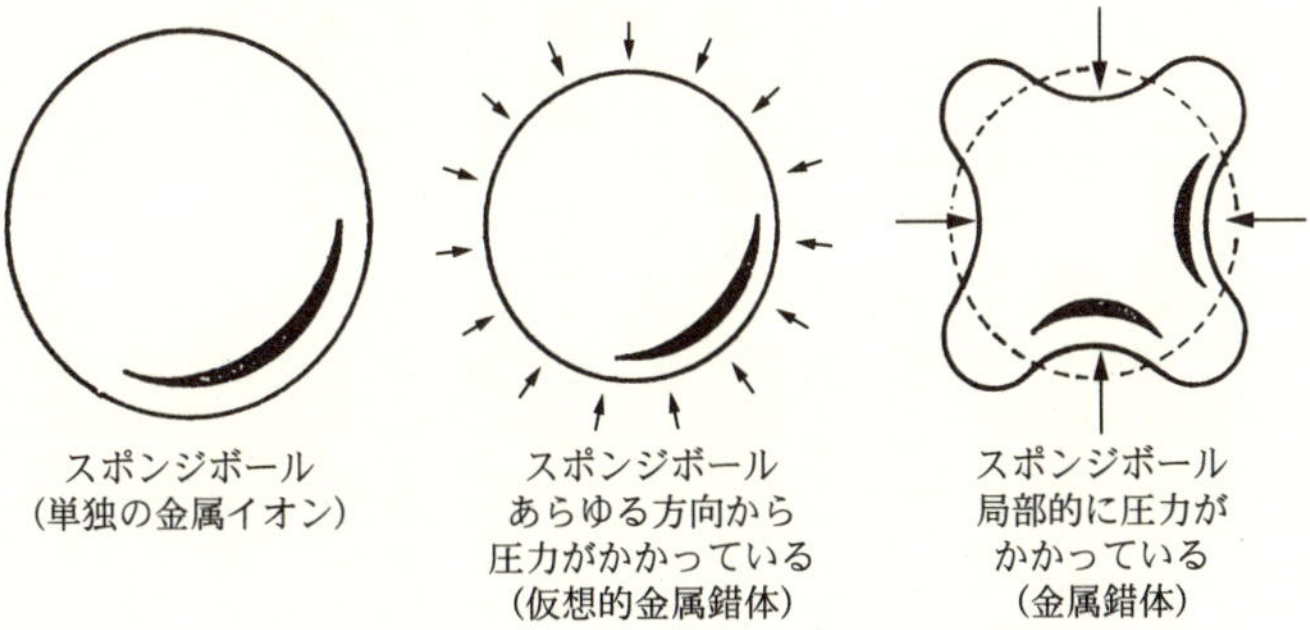

(b)　あらゆる方向から圧力がかかっている場合と、局部的に圧力がかかっている場合のスポンジボールを例として結晶場の効果を図示する。図(a)と比較せよ。

図 3.9　五種類の軌道の縮重が解ける様子

エネルギーギャップにちょうど相当するほどの電磁波を吸収できると、ジャンプして励起が起こる。第一遷移金属元素の場合には、これがちょうど可視・紫外光線のエネルギーに相当するので、われわれの目で検知できることになる。

このモデルはいささか簡単にすぎるという批評もあったのだが、錯体の場合でもd電子が一個だけの場合には、実際のスペクトルをかなり巧みに説明可能である。ただ、一般の遷移金属イオンの場合には、d電子はもっと多数存在し、その間にいろいろと複雑な相互作用もあるし、配位子と金属イオンの間は当然ながら配位結合でつながっているわけだから、このようなモデルでは単純化が過ぎているために、どうしても限界がある。その発展した形としてもっと一般的に適用可能な「配位子場理論」ができ、広く応用されるようになった。だがこちらについては、簡単な説明だけでもかなりの紙面を必要とするので、詳しくは専門の解説書を参照されたい。配位子場の強さによって、このさまざまな軌道のエネルギー分裂の様相がどのように変化するかをまとめあげたのが、田邊行人、菅野　暁両先生によってまとめられた「Tanabe-Suganoダイアグラム」と呼ばれるもので、多電子系の錯体における磁性やスペクトルの研究の基本となっている。

今のd電子の軌道が、エネルギーの低い方のグループと高い方のグループに分裂したとき、その間隔に相当するエネルギーをよく「Δ」であらわし、結晶場分裂(CFSE, crystal field splitting energy)とか配位子場分裂などと呼んでいる。先ほどの分光化学系列は、このΔの大きい方から小さい方へと並べた順である。

d電子の個数がゼロであるイオン（たとえばSc^{3+}やTi^{4+}など）は可視・紫外部に吸収がないし、またd軌道が満員（つまりd^{10}）であるZn^{2+}やCu^{+}もやはり可視・紫外部には吸収がない（上のレベルも一杯なので励起できないのである）。だからこれらのイオンを含む化合物は原則として無色ということになる。Cr^{6+}やMn^{7+}も同じようにd電子を持たないが、こちらの場合にはまったく別の原因で紫外部から可視部に掛けての強い吸収（電荷移動吸収帯という）があらわれる。この二つが例外であることは、ほとんど同じ構造のMo^{6+}やW^{6+}やRe^{7+}の化合物がみな白色固体で、溶液にしても可視部には吸収を示さないことからもわかる。

なお、この電荷移動による吸収帯（よくC-Tバンドなどと呼ばれる）は吸光度が著しく大きく、d-d遷移に比べると時には数千倍もある。吸光度定量に用いられるのはほとんどがこのC-Tバンドであり、d-d遷移による吸収帯ではない。

第四章　錯体を調べる

第一節　配位子とは

今まであまり詳しい説明もなく「配位子（Ligand）」という言葉を使ってきたのだが、これは中心金属イオンと結合しているイオンや分子類一切を指す。最近では拡張されて、酵素や生体活性物質についたり離れたりする基質のことを「リガンド」と呼ぶことも多いが、こちらはもっぱらカタカナ表記である（こちらの場合、基質は必ずしも金属イオンに配位するとは限らず、酵素の活性中心付近の空間に入り込むだけのこともある）。

多くの金属イオンは典型的なルイス酸であるから、配位子となり得るものはルイス塩基ということになる。つまり孤立電子対を持っているもの、すなわち大部分の陰性の強い非金属元素の化合物や陰イオン、低酸化状態の金属原子が配位子となり得る。もちろんこの場合には酸化還元反応も起きる可能性があり、電子のやりとりの結果もっとも安定な状態の錯体が生成することもある。

前に記したHSAB理論の示唆するように、ソフトなルイス酸（電子をたくさん持っている金属イオン）は、同じようにソフトな配位原子を相手とした場合に安定な結合をつくりやすいし、逆に電子の乏しい（ハードな）ルイス酸は、ハードな塩基と安定な結合を形成しやすくなる。つまり、中心の金属イオンはそれぞれに配位子のえり好みをするのである。だから、ソフトな金属イオンであるPt^{2+}やRh^{+}などは、コバルトやチタンなどの昔からの錯体化学研究の対象であった比較的ハードな陽イオンとは違って、かなり毛色の違った配位子であるソフトな配位子の典型でもある、エチレンやプロピレンなどの炭素-炭素二重結合の π 電子を配位させることも可能となる。白金属元素の多くは、トリクロロスズ酸イオン（$SnCl_3^-$）（これもかなりソフトな配位子である）を配位させることも可能で、この場合には配位結合は金属-金属結合としての性質をも色濃く帯びることとなる。

逆にもっとハード性の大きな陽イオンであるアルミニウムやジルコニウム、タンタルなどのイオンは、ハードな陰イオンの典型であるフッ化物イオンと安定な錯体をつくりやすくなる。非金属元素でも、酸化数が大きくなるとハード性が増加するから、酸化数六の硫黄やセレンなどは、フッ化物イオンを配位子として、安定な六フッ化物の SF_6 や SeF_6 を形成可能である。

このような性質については、かなり昔から分析化学上の知見として、それぞれの検出対象とするイオンに与える妨害を除去したり、特定のイオンだけを沈殿させたりする際にどのような試薬を（どんな順番で）添加するとよいという経験的な手法の形で情報が蓄積されてきたし、難溶性の沈殿のでき方（溶解度積を尺度とするとよくわかる）などからも推定可能であった。

同じ配位子の中に、複数の配位サイトを持つものがあると、どちらが金属イオンに配位するかによって異なった錯体が生じる。この中で古くから知られているものは亜硝酸のイオン（NO_2^-）が配位した場合である。NO_2 では窒素原子と酸素原子のどちらも配位可能であるから、ペンタアンミンコバルト(Ⅲ)錯体だと $[CoNO_2(NH_3)_5]^+$ と $[Co(ONO)(NH_3)_5]^+$ の二とおりのタイプの錯体

表 4.1　典型的なルイス酸とルイス塩基のハード性とソフト性の比較（基礎錯体工学研究会編、錯体化学―基礎と最新の話題―、p. 87、講談社サイエンティフィク（2003））

金属イオン（ルイス酸）	硬い酸 H^+、Li^+、Na^+、K^+、Be^{2+}、Mg^{2+}、Ca^{2+}、Sr^{2+}、Mn^{2+}、Al^{3+}、Sc^{3+}、Ga^{3+}、In^{3+}、La^{3+}、Gd^{3+}、Lu^{3+}、Cr^{3+}、Co^{3+}、Fe^{3+}、CH_3Sn^{3+}、Ti^{4+}、Zr^{4+}、Th^{4+}、U^{4+}、Ru^{4+}、Ce^{4+}、Hf^{4+}、Sn^{4+}、WO^{4+}、$UO_2{}^{2+}$、VO^{2+}、MoO^{3+}、Cr^{6+}、$(CH_3)_2Sn^{2+}$、$Al(CH_3)_3$、$AlCl_3$ 中間に属するもの Fe^{2+}、Co^{2+}、Ni^{2+}、Cu^{2+}、Zn^{2+}、Sn^{2+}、Pb^{2+}、Os^{2+}、Ru^{2+}、Sb^{3+}、Bi^{3+}、Rh^{3+}、Ir^{3+}、GaH_3 軟らかい酸 Cu^+、Ag^+、Au^+、Tl^+、Hg^+、Hg^{2+}、Pd^{2+}、Cd^{2+}、Pt^{2+}、$(CH_3)Hg^+$、Tl^3、$Co(CN)_5{}^{2-}$、Pt^{4+}、$GaCl_3$、$InCl^3$、M^0（金属原子）
ルイス塩基	硬い塩基 H_2O、OH^-、F^-、Cl^-、CH_3COO^-、$NO_3{}^-$、$SO_4{}^{2-}$、$CO_3{}^{2-}$、$ClO_4{}^-$、$PO_4{}^{3-}$、ROH、RO^-、R_2O、NH_3、RNH_2、N_2H_4 中間に属するもの $C_6H_5NH_2$、C_5H_5N、$N_3{}^-$、N_2（窒素分子）、Br^-、$NO_2{}^-$、$SO_3{}^{2-}$ 軟らかい塩基 R_2S、RSH、RS^-、SCN^-、H^-、R^-、I^-、CN^-、RNC、CO、C_2H_4、C_6H_6、R_3P、$(RO)_3P$、R_3As （R はアルキルまたはアリル）

が生じることとなる。この二つは一〇〇年以上前から知られていて、前者はキサント塩、後者はイソキサント塩と呼ばれていた。このうちキサント塩は黄色（xantho は黄色を意味する）であるが、イソキサント塩の方は赤い。しかし紫外線をあてると次第にキサント塩に変化してしまう、つまり不安定な異性体であることが早くから認識されていた。

　現代風に記すと、前者はペンタアンミンニトロコバルト(Ⅲ)の塩、後者はペンタアンミンニトリトコバルト(Ⅲ)の塩である。有機化合物でも「ニトロ」は窒素と炭素が直接結合している化合物を意味するし、「ニトリト」は亜硝酸のエステル、つまり酸素と炭素が結合していることに相当するから、同じように扱える。このような異性現象のことを「結合異性」という。チオシアン酸イオン（NCS^-）やアミノ酸を配位子とする場合にはこのような結合異性の可能性がいろいろあり、生成する錯体の性質もそれぞれにかなり異なってくる。

陽イオン性の配位子を含む錯体は珍しいが、皆無ではない。もともと同じ符号の電荷同士は反発するから、このような錯体においても最初から陽イオンが配位することは少ない。ひとたび配位結合が生成してからのちに、電子配列の組み替えが起きて配位子から電子が脱離したり、あるいはプロトンが付加したりして、陽イオン性の配位子となることがほとんどである。NO原子団のようにいろいろな電荷を持ち得るものでは、錯体中でどのような状態になっているのか（つまりキャラクタリゼーションであるが）が大問題であり、反応性もそれによって大きく異なることが期待できる。

配位子となった原子団は、遊離の状態とはかなり異なった化学的挙動を示すことが少なくない。たとえば水分子が金属イオンに配位した場合、条件によってはプロトンを解離してヒドロキソ配位子として結合する方が安定となる。たとえばアルミニウムイオンの配位水の一部は、遊離の水に比べるとプロトンを放出しやすい。つまりアルミニウムイオンの水溶液は水素イオン濃度が大きくなるから酸性となることとなる。この現象はその昔「加水分解反応」であると考えられたのだが、実は配位した水分子が酸として働くことにほかならない。

いわゆる「酸性紙問題」の原因はここにあり、西洋紙のサイジング剤として添加されている明礬（硫酸アルミニウムカリウム）の中のアルミニウムイオン（もちろん水和しているはずである）から水素イオンが供給されるからである。さらにはセルロースの水酸基とのエステル生成も関与しているらしい。こちらは脱水縮合であるから、「加水分解」とはまったく逆である。なお、「中性紙」はサイジング剤として酢酸アルミニウムを明礬や硫酸礬土（塩基性硫酸アルミニウムのこと）の代わりに用いているので、生成した水素イオンを酢酸イオンが捕まえてくれるように工夫されている。

第二節　錯体の構造

固体（結晶）…X線結晶解析

空間における三次元の原子の配列を決定するためには、短い波長の電磁波であるX線の回折パターンを解析するのが通常用いられる方法である。X線はもともとドイツのヴュルツブルク大学の物理学の教授であったコンラート・ヴィルヘルム・レントゲンが一八九五年に発見した、著しく透過能の高い奇妙な性質を持つ放射線の一種であった。しばらくの間正体不明であったために「X」線という名称がついたのだが、一九一二年に、ドイツのマックス・フォン・ラウエが、もしこれが波動性を持つものならば、天然に存在するきわめて規則的な微細構造を持つ「結晶」にあてると、回折現象が観察可能だろうと考え、閃亜鉛鉱（天然産の硫化亜鉛）や岩塩の結晶で、回折像が得られるかどうかを写真乾板を用いてチェックした。

実際に乾板上に規則的な斑点が写っていることから、回折の理論を用いると結晶中の原子間隔の計算値をもとにX線の波長が精密に測定可能となった。逆に既知の波長のX線を用い、回折パターンを解析することで結晶中の原子の配列を求めることも可能となったのである。

あまり知られていないことであるが、日本でも、寺田寅彦、西川正治両先生の手によって、X線のビームを結晶に照射し、その回折パターンを蛍光スクリーンに映す実験がほとんど同時期（大正時代の初期、一九一〇年代）に行われていた。この時には結晶を回転させ、蛍光スクリーン上の回折パターンがそれに応じて移動するという、のちの「ワイセンベルク写真」法の先駆ともいえる画期的な実験が行われていた。このことはわが国の物理学書にもあまり紹介されていないが、ある意味ではラウエの回折写真法よりも先行した偉大な業績なのである。

空間に原子の規則的な配列があると、これがX線を回折するので、回折パターンを解析することでかなり複雑な原子の三次元構造が判明するということになる。

もっとも、一九六〇年代に大型電子計算機が化学者にも利用可能となるまでは、きわめて煩雑な多数の計算を必要とするこの方法は、錯体を研究対象とするにはまだまだ不便であった。しかも強力なX線ビームを長時間照射することで、錯体によっては放射線分解を受けてしまう可能性もあった。それでも塩化白金酸カリウムなどの比較的単純な組成で分解しにくい錯体については、もっぱ

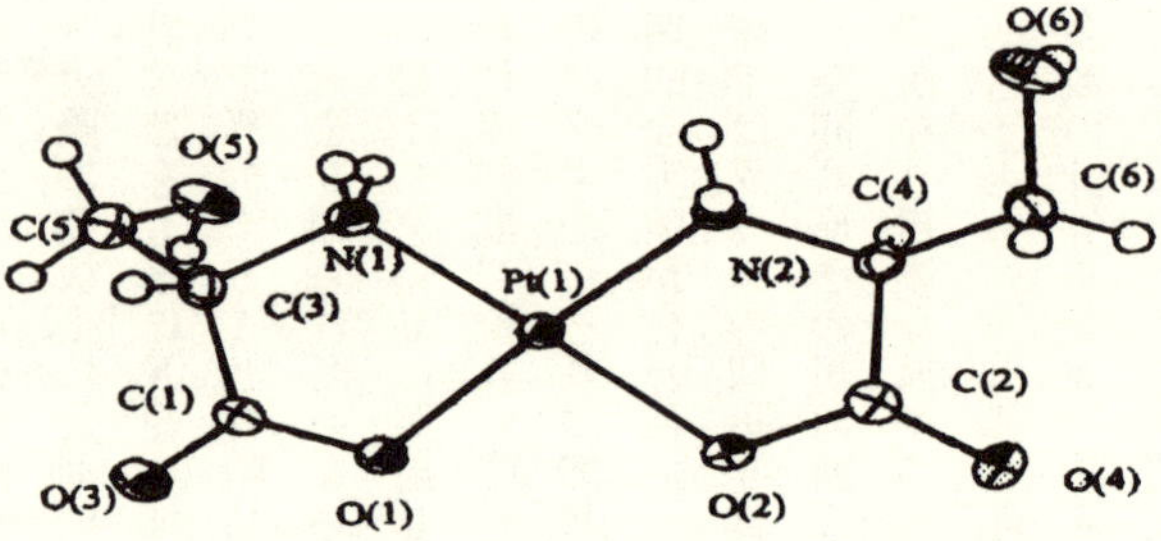

(a)

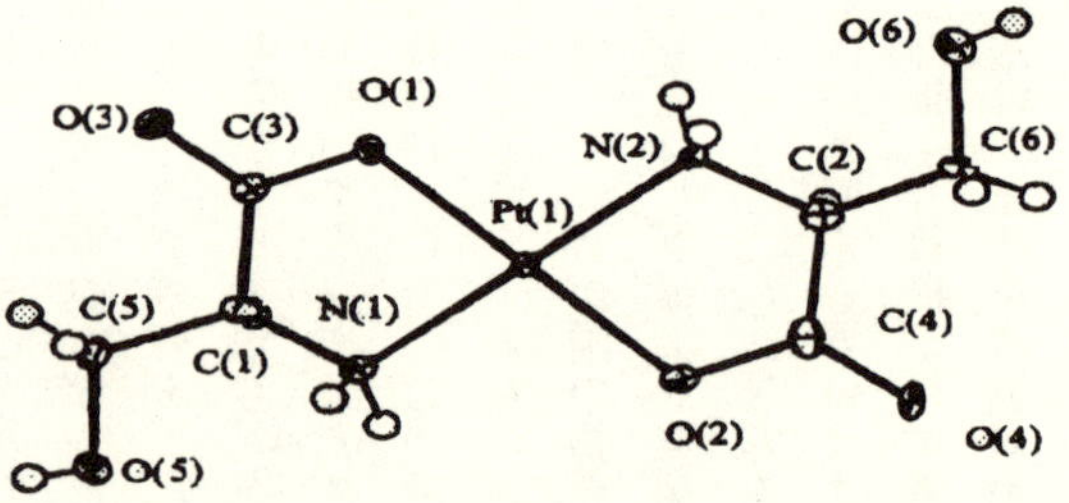

(b)

図 4.1　*cis*-[Pt(L-ser)$_2$]（a）と *trans*-[Pt(L-ser)$_2$]（b）の X線結晶解析による分子構造

ら手計算（とソロバン）の活用で、かなり以前に解析が行われてはいたのである。

　一九六〇年代のはじめごろ、汎用の大型計算機がIBM社から市販され、また計算に使えるコンピュータ言語として、事務計算用のCOBOLと、科学技術計算用のFORTRANが開発された。これらのコンピュータ言語は、操作手順の決まった計算をやらせるためには専門のライブラリプログラムをつくりさえすれば、あとはパラメータを設定するだけで計算を可能とするので、比較的単純ながら大量の数値計算を必要とする結晶構造解析などを行わせても苦情をいうこともなく実行してくれる。その後錯体や有機化合物の結晶構造解析の報告は爆発的に増大して、現在に至っている。多くのジャーナル類に掲載される新しい錯体合成の論文には、結晶解析による構造決定の記載が、その昔の元素分析データと同じように添付されているのが当たり前となってきたが、ある意味では「三次元の元素分析」にほかならないともいえる。

赤外線吸収とラマンスペクトル

分子の中の化学結合の伸び縮みや歪みなどに基づく電磁波の吸収は、大部分が赤外線領域にあらわれる。これはそれぞれの化合物に特有なもので、いわば指紋のようなものといえなくもない。ただ分子の中にある特定の原子団が、ある限られた範囲に吸収帯を生じることがわかっている。これをもとに有機化学者は分子構造に関するいろいろな知見を得ているのだが、錯体化学の場合には、金属イオンに配位結合したときにどのような変化が起きるか、また異なる結合サイトがあるのかなど有益な情報が得られる。特に、同一の配位子でも金属への配位サイトがいくつもある場合「結合異性」が起きるが、これについての証拠を得るにはまたとない手段である。

配位した水分子や亜硝酸イオンなどでは、遊離状態ならば原子団全体の併進や回転運動なので、いわゆる「振動・回転スペクトル」としてはあらわれないはずの振動も出現するようになり、これから配位構造の解析が行われた例も少なくない。たとえば、亜硝酸イオンの二回軸方向の回転は、窒素と金属イオンとの間に配位結合が起きると、この結合を軸とするねじれ振動となって、赤外活性になる。

赤外吸収スペクトルで通常測定されるのは、波長にして二・五マイクロメートルから一五・〇マイクロメートルの間、いわゆる「岩塩領域」である。この名称はその昔の光学系に塩化ナトリウム製のプリズムを利用したころの名残である。ガラスや石英は赤外部に大きな吸収があるため、現在のように回折格子が利用できるようになるまでは、いろいろな光学材料が模索された。もっと長波長の領域のためには、臭化セシウムや、KRS-5などと呼ばれるハロゲン化タリウムの混晶が使われた。現在でも液体試料を測定する際のセルの板にはこれらが活用されているが、性能のよい回折格子のおかげで、以前のように大きなプリズムを必要とすることはなくなったのである。塩化ナトリウムや臭化セシウムは有機溶媒には不溶だが、水には溶けるので、水溶液試料には比較的短波長の場合にはフッ化カルシウム、長波長の場合には塩化銀や金属ゲルマニウムの薄い板をセル材料として用いる。

初期のころの赤外線吸収スペクトルのデータは波長目盛で記録されていたが、現在では波長の逆数（一センチメートルあたり）の波数（wavenumber, cm^{-1}）を使うことが普通となった。先ほどの岩塩領域に相当する波数は4000~666 cm^{-1}となる。なおこの単位を「カイザー」と呼ぶこともあるが、これはボン大学の分光学者カイザーに因んだもので、ヨーロッパや日本ではおなじみであるが、アメリカ人はあまり使わないようである。

また、試料にもっとエネルギーの高い、かつ幅の狭い電磁波（紫外、可視領域のもの）を照射すると、この両側に、強度はきわめて弱いが、物質それぞれに特有な散乱光が出現するが、これが「ラマン効果」である。インドの物理学者チャンドラセカーラ・ヴェンカタ・ラマン（一八八八〜一九七〇）が一九二八年に発見したことである。この弱い散乱スペクトルは、波数目盛りだと入射光の両側に等間隔であらわれる（これは量子論の実験的証明を与えたことにもなる）。この差の波数に相当する電磁波は、まさに赤外領域に相当し、同じように分子の振動・回転などに起因している。

ただ、以前は単色で明るい光源としては水銀の発光スペクトルぐらいしか利用できず、多くの着色した金属錯体は、この水銀のスペクトルの領域に大きな吸収を持っているため、測定中に分解してしまう危険性が大きかった。そのために可視・紫外部に吸収のほとんどない典型元素の化合物がもっぱら研究対象となっていた。第二次大戦後、レーザー光源が使えるようになり、いろいろな波長のものを選択可能となったおかげで、応用範囲が飛躍的に増加したのである。

赤外線吸収スペクトルとラマン効果は、上述のように分子の振動、回転など

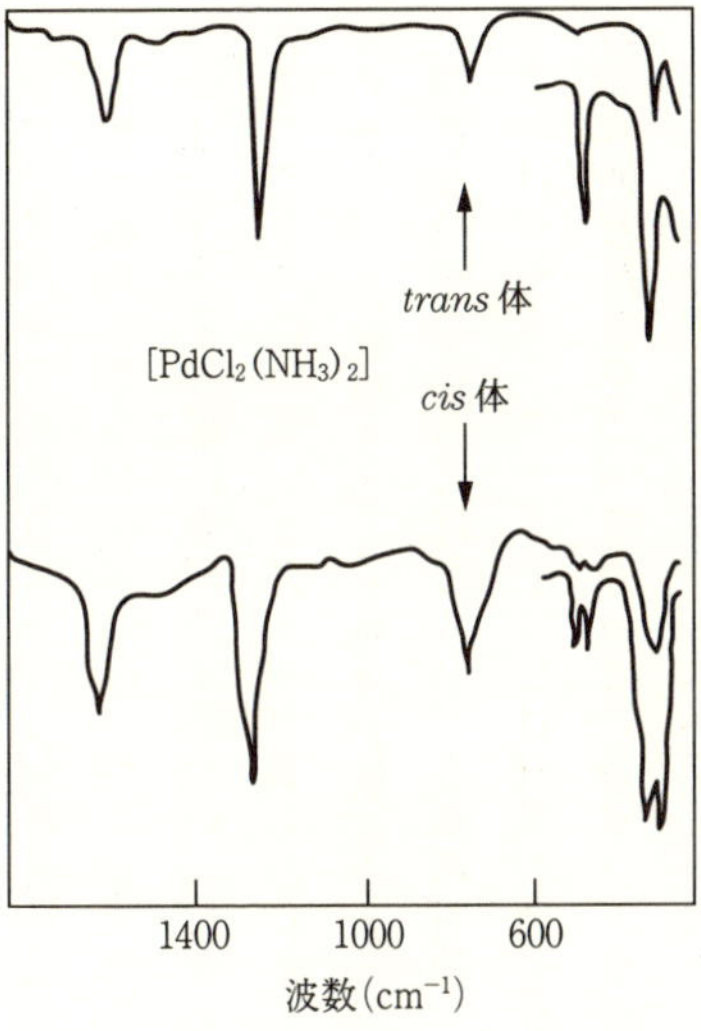

図 4.2　赤外線吸収スペクトル（成澤芳男、渡部正利、新課程一般化学、産業図書（1984））

に基づくスペクトルを与えるが、対称性のよい簡単な分子では交互禁制率が成立し、赤外吸収スペクトルが観測できるバンドは、ラマン効果は不活性となり、逆も成り立つ。酸素や窒素などの等核二原子分子は赤外部に吸収を示さない（だからいわゆる「温室効果ガス」にはならない）が、ラマンスペクトルには強いシグナルがあらわれる。もちろん、金属イオン（たとえば、ヘモグロビンの中の Fe^{2+}）に配位すると対称性が低下するので、赤外吸収があらわれるようになる。

複雑な分子の場合にはどちらでも観測可能であるが、赤外吸収の方で強いピークとしてあらわれるものは、ラマンスペクトルでは強度が弱くなる傾向があり、振動回転スペクトルの測定においては相補的な役割を担っているといえよう。また、低波数（赤外線なら長波長）のスペクトルでは、赤外線吸収測定よりもラマンスペクトルの方が測定が楽であり、比較的重原子を含むことが多い金属錯体の場合には、ラマンスペクトルの方が得られる情報の量は多いようである。

金属カルボニルやシアノ錯体においては、それぞれ C-O と C-N の伸縮振動がきわめてシャープなスペクトルを示すので、分子中のサイトの違いを確認できることが多い。またカルボニル基やカルボキシル基、ホスホリル基などは、金属イオンに配位すると顕著な波数の移動（多くは低波数側へのシフト）が起きるので、遊離状態にあるものとの区別が容易である。これについては第六章で述べる、ニッケルカルボニル同族体や置換体の例を参照されるのがよいだろう。

溶液中での錯体の構造と挙動

いろいろな錯体がどのような組成であるか、またどのような形をしているかを決めようという試みはずいぶん昔からいろいろと試みられた。だが研究手段が限定されていた当時だと、なかなか自由に使える手法は増加しなかったのである。前にも示したように、精密な化学分析ができるようになるまでには、単に「珍しい色の奇妙な化合物」としてしか認識されていなかったものが多い。硫酸銅アンミン（シュウヴァイツァー試薬の成分）ですら、ベルツェリウスの精密な分析によってきちんとした組成が定まるまでには何十年もかかったのである。「はじめに精密分析ありき」ということになる。

しかも、この種の「錯化合物」は、固体状態での組成や構造と、水などに溶かした場合の存在状態が同じとは限らない。これが研究を進める上での大きな障害となっていた。

今から百数十年ほども前には、溶液内に存在するものは、固体のきわめて小さい破片（フラグメント）であろうと考えられていた。食塩でもブドウ糖（グルコース）でも、エタノールでもグリシンのようなアミノ酸でも同じように、それぞれの構成単位がそのままで水などの中に溶けているものだと理解されていたのである。だが、溶液内での化合物（現代風には化学種であるが）についての情報獲得の手段が増加してくるにつれて、そんな簡単なことばかりではないことが判明してきた。

その中でも比較的古くから活用されたのは可視・紫外部の吸収スペクトルの利用であった。

可視・紫外部の吸収スペクトル（UV-VIS）

われわれの先輩たちは、溶液から出てきた結晶をちょっと見るだけで、「あ、これはN_4O_2タイプの錯体だよ」というようなことをいったものである。確かに配位原子の組み合わせで色調は大きく異なるのだが、それらについての経験の積み重ね（今日風に考えればデータベース）がきちんと組み上げられてくると、それに基づいて推定・予測も可能となる。現在のように吸収スペクトルと配位子との関連性が経験的に樹立され、それに理論的な裏付けが行われるようになると、これをもとにして可視・紫外吸収スペクトルから溶液内の錯体の配位構造を推測し、またさらには未知成分の探求を行って構造推定を行うなどの試みが始まったのも当然であろう。

柴田雄次・槌田龍太郎両先生の「分光化学系列」についての研究結果をもとにすると、この可視・紫外部の吸収スペクトル測定は錯体化学の研究でまず最初に行われる研究手段となったのも当然であろう。

ただわが国ではいささか行き過ぎの感があり、何か新しい錯体をつくると、まず吸収スペクトル、次に円偏光二色性、その次には電気化学測定（ポーラログラフィーなど）だというパターン（略字で並べるとAB, CD, Eとなるのだという）があるともいわれたものである。

やがて、溶液中の錯体と結晶化した状態では、化学種が違ってくるケースが次第に知られてくると、溶液内に存在する錯体の組成や性質などを、系にあまり大きな撹乱を与えずに調べることが必要となってきた。化学平衡（錯形成平衡）の解析により、複雑な錯体の組成の解明が次第に行われるようになってきて、のちの「キャラクタリゼーション（状態分析）」の先駆となった。キャラクタリゼーションは、それまでの定性（何があるか）、定量（どのぐらいあるか）分析のあと、どのような存在状態にあるかを求める手法を指している。農芸化学や生化学の分野では以前から「状態分析」という言葉が使われていて、たとえば、土壌中の窒素に「アンモニア態窒素」とか「硝酸態窒素」のような区分があったが、これをもっと広げたものといえなくもない。だが、カタカナの「キャラクタリゼーション」の方が広く用いられるようになり、「状態分析」は農芸化学などの方面での昔ながらの意味での使用に限定されてきたようである。

NMR

^{1}Hや^{13}Cのような核は磁気モーメントを持っている。つまり、磁気核であり、あたかも、磁気コマがN極とS極の間で回転しているように考えることができる。このような原子核は、磁場の中に置かれるとエネルギー状態に分裂が生じ、この分裂間隔に等しいエネルギーの電磁波を吸収可能となるはずである。これはずいぶん昔に予測だけはされていたのだが、現実に観測が可能となったのは一九四五年（第二次大戦終結の年）であった。パワーの弱い電磁波源を用い、高利得の増幅器（アンプ）を使うことではじめて弱い信号をキャッチすることができたのである。ある意味では軍事科学の平和利用の先駆だったともいえる。

一九四六年にこの検出の報告が出たが、成功したのはスタンフォード大学のフェリックス・ブロッホと、ハーヴァード大学のエドワード・パーセルの二人である。彼らはともにノーベル物理学賞を一九五二年に受けた。

その後しばらくの間、NMR測定はもっぱら原子核物理学者の興味の対象であったが、いろいろな核種のNMR測定が行われると、化合物によって共鳴条件に大きな違いが出現することが報告された。物理学者はこの現象に当惑し、面倒くさいことはよその分野へたらい回し（今でもよくある）というわけで、これに「chemical shift」という名称を与えた。つまり「化学シフト」である。日本の物理学界のさる大御所がさっそく「化学ずれ」という訳語を制定したが、一部の人たちを除けばほとんど使用例はない。

当初は、測定の便利さからして、もっぱらプロトン（^{1}H）のみが測定対象となり、有機化学者や生化学者ばかりが利用する測定法であった。この便利さが「全世界の有機化学者の実験技術を低下させた」などとよくいわれた。だが、炭素に結合している水素原子（プロトン）の場所や個数を、分解させずに知る便利な手段（つまりキャラクタリゼーション）がNMRをおいてほかにはほとんどないのは今でも同じである。

水素―一（プロトン）と炭素―一三のNMR

有機化学者は、炭素に結合している水素のことをプロトンと呼んでいる。無機・分析化学方面では裸の水素イオンを指しているが、どちらにせよ、原子核物理や素粒子物理の方での使われ方とは

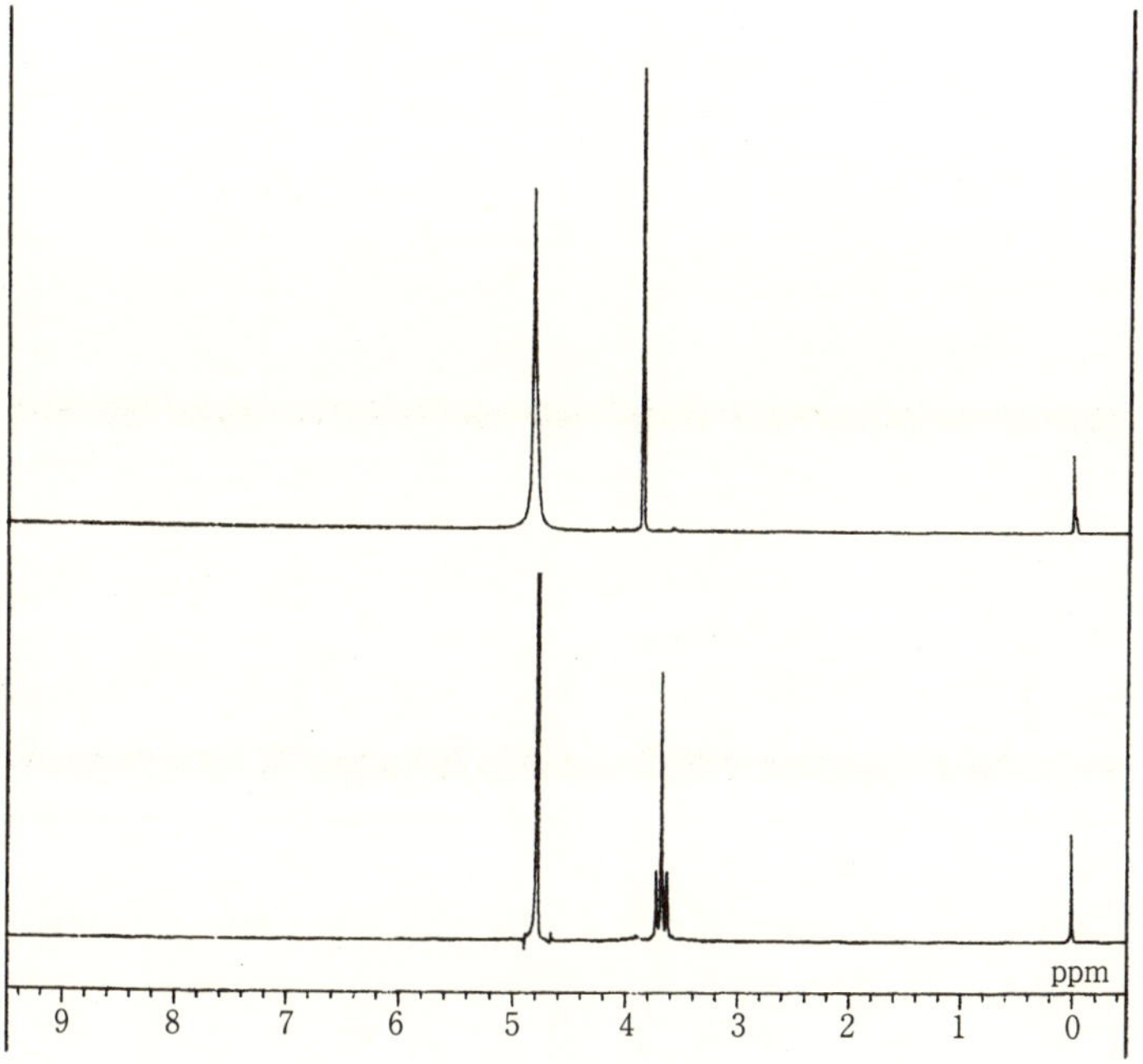

図 4.3　[Pt(glyamide)Cl_4]$^-$ の ^{1}H NMR スペクトル。上：配位子、下：錯体

違っていることに注意が必要である。炭素に結合したプロトンについての貴重な情報が、試料を破壊することなく得られるというのはまたとない福音であった。そのためにNMRの測定・解析は、化学シフトの観測がはじめて行われたころから、もっぱら複雑な構造を持つ有機化合物を研究対象とする面々の得意とするところであり、いわゆる「活性プロトン」（炭素以外の核に結合した水素原子のことを有機化学ではこう呼んでいる）はたちまちに溶媒のプロトンや重水素と交換してしまうから、無機化学者が測定してもあまり意味ある結果など得られるはずがな

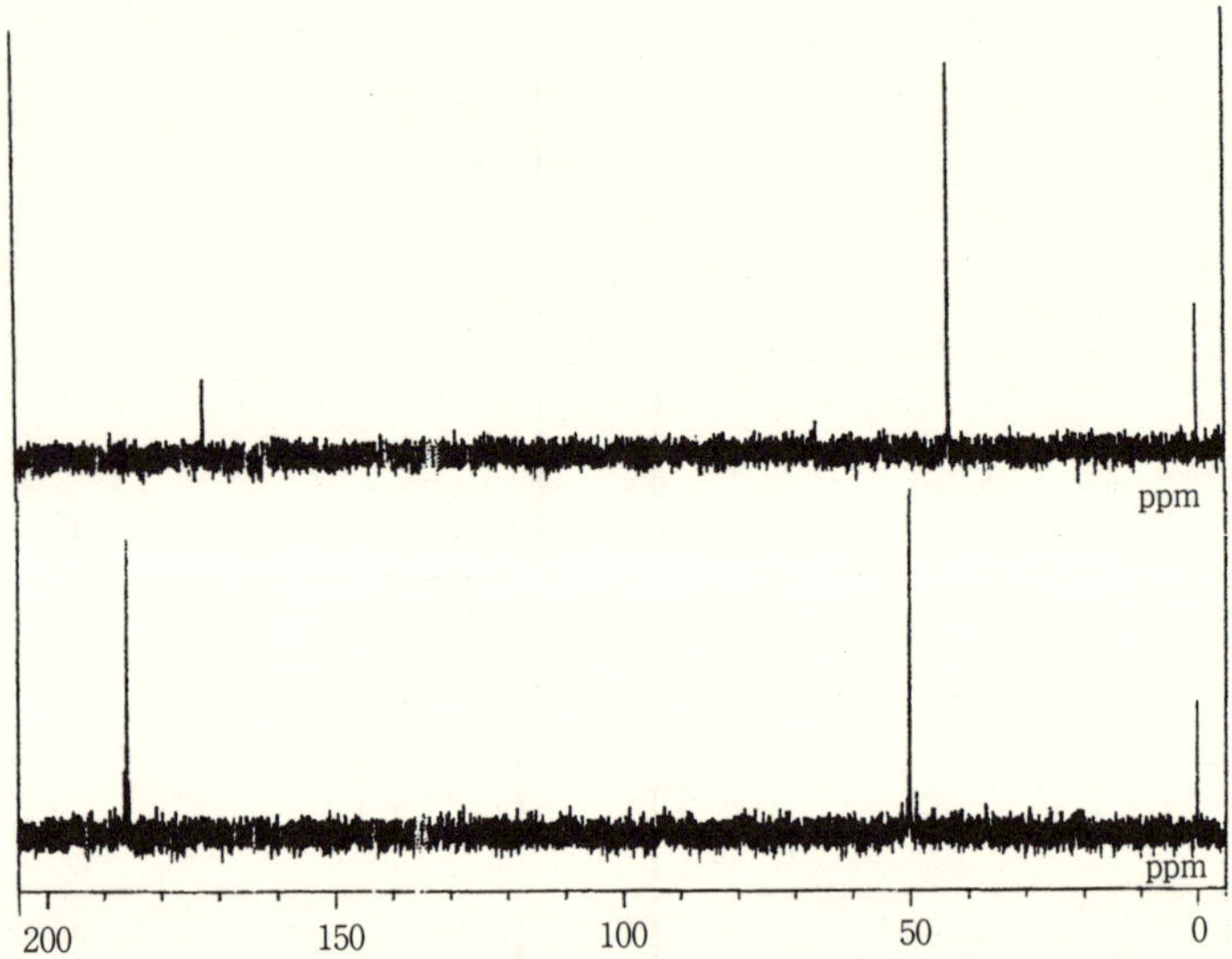

図 4.4 [Pt(glyamide)Cl_4]$^-$ の ^{13}C NMR スペクトル。上：配位子、下：錯体

いといわれていたのである。実は必ずしもそうではないのだが。

プロトンのNMRは、歴史も長く実験法としてもほぼ確立し、大規模なデータ集積が行われてきているため、スペクトルの解釈も以前に比べるときわめてやさしくなった。だが生体物質や高分子材料など対象がどんどん複雑化してくると、できるだけ高分解能で、かつ高感度（つまり低濃度でも測定できるように）であることが要求される。現在では九〇〇メガヘルツで稼働する超伝導マグネット利用のスペクトロメータもつくられて、タンパク質などの生体高分子の研究に利用されている。

だが、有機骨格を持つ配位子を利用している錯体化学の研究者にしてみると、せめて配位子骨格の有機部分だけからでもいろいろな情報が得られるとあれば、やはり強力な援軍となる。しかも基礎データがかなり揃っているから便利でもある。

もっとも、中心金属のNMRを研究するのに比べれば、これらは錯体そのものよりも、厚く身にまとっている衣裳の模様を解析するようで、いささかもどかしい手段のようにも見えるのだが、それでもしばしばきわめて有益な情報が得られる。

NMRでは時間スケールが問題となり、シグナルが分離して観測できるためには、相互のサイトの交換が遅いことが必要となる。迅速なサイトの交換が起きると区別できなくなってしまう。たとえば、酢酸やトルエンのメチルプロトンはもともといくつかのサイトにそれぞれ存在しているはずだが、軸の周りの回転が速いので細い一本のシグナルになる。有機金属化合物で、π-アリル結合を含むものでは、温度を変えて低温にすると二つのサイトにそれぞれ固定された別の異性体の存在が確認できることもある。これはいわゆる「ダイナミックNMR」と呼ばれる手法であり、コンピュータシミュレーションでスペクトルパターンを解析することで、異なるサイトの間の交換速度を求めることができる。

有機化学者たちがそれと意識せずに錯体形成のおかげを蒙っている一例に、「シフト試薬」の利用がある。一九六九年にヒンクリーが、ユウロピウムのトリス（ジピバロイルメタナト）錯体（$Eu(dpm)_3$）のピリジン付加物をコレステロールの重クロロホルム溶液に添加してプロトンNMRスペクトルの測定を行ったところ、多数あって相互に重なっているメチレンプロトンやメチンプロトンのシグナルが、広幅化せずに相互に分離して（つまり化学シフトが大きく広がったのである）明瞭に識別可能であると報告した。このジピバロイルメタナト錯体は昇華性があるので、ランタニド元素のガスクロマトグラフィー分離などに使えないかということで研究が行われていたらしいが、常磁性のイオンによる擬コンタクトシフトが大きいランタニド元素との錯形成（二次錯体生成）の利用である。

通常の遷移金属錯体では、常磁性電子のスピン緩和時間が比較的長いので、核磁気共鳴スペクトルは緩和による広幅化を起こし、測定には不向きなのだが、ランタニドイオンの場合には一部を除いてスピン緩和時間が短く、そのため錯体を形成してもあまり顕著な広幅化を起こさずにシグナルを大きく広げることができる。現在では溶解性などの点から、もっと大きな置換基を持つβ-ジケトン錯体の Eu(fod)₃（Sievers 試薬）などがもっぱら利用されている。Hfod はヘプタフルオロジメチルオクタンジオンを示す略記号である。

コバルト

ところで、「化学シフト」が初期に観測された核の一つにコバルト-五九がある。それまでいろいろと測定が行われた例の中では段違いに大きな、一％（つまり一〇〇万ppm）以上にも及ぶ共鳴点の違いが出現したために、当時の物理学者たちが困惑したのも無理はない。プロトンならせいぜい十万分の一（一〇ppm）ぐらいしかないのである。一九五一年にいろいろな核種についてのN

MRシグナルを測定したのはハーヴァード大学のプロクターとユーの二人である。彼らは十三種の元素について、十八種の同位体のNMRを測定したが、コバルト-五九もその中の一つである。コバルトの場合には三価の反磁性錯体五種類（$K_3[Co(CN)_6]$, $[Co(en)_3]Cl_3$, $Na_3[Co(NO_2)_6]$, $[Co(NH_3)_6]Cl_3$, $K_3[Co(C_2O_4)_3]$）の水溶液を試料として測定を行った。その結果、化合物によって共鳴条件に違いが出てくること、しかもその大きさはプロトンなどに比べると他の核では桁違いに大きいことがわかってきた。しかもこの化学シフトは錯体の安定性の順と平行している。また、測定温度を二〇℃から八〇℃まで変化させると、みな一五〇ｐｐｍほどの高周波数側（低磁場側）へのシフトが見られた。

プロクターとユーの二人は、特にこのコバルトの場合を例として、原因として次のような仮定をおくならば、ほぼ無理のない説明が可能であると提案している。

① 基底状態に近接して励起状態があり、温度によって両準位の電子の存在数（ポピュレーション）はかなりの割合で変化する。

この励起状態との相互間に迅速な交換が起きている。

② それぞれの準位における遮蔽定数はかなり異なったものである。

③ 両準位間の遷移はかなり迅速に起きている。

だが、コバルト(Ⅲ)錯体の場合には、最低の励起準位は、次のグリフィスとオージェルの取り扱いにもあるように、少なくとも13000 cm^{-1}程度のところにあるはずだから、彼らの第一番目の仮定はやはり原因として考えるにはかなり無理がある。

グリフィス－オージェルプロット（GOP）

プロクターとユーの二人の設定したいくつかの仮定をおかなくとも、もっと単純明快な説明が可能だろうと考えたのがグリフィスとオージェルの二人である。彼らは電子に囲まれている原子核の受ける磁場は、対をなしている電子による「反磁性項（σ_D）」と、励起によって生じる不対電子が原因となる「常磁性項（σ_P）」の和であると考えた。三価のコバルトの錯体（Co^{3+}は通常反磁性錯体のみをつくる）において、基底状態はすべてのd電子が対をつくった状態であり、一番低エネルギーにある励起状態はd電子の一個が励起されて上のレベルに上がった状態にほかならない。このために必要なエネルギーΔは、結晶場分裂エネルギー（CFSE）で、ほぼ第一吸収帯の波長の逆数にあたるだろう。励起されるポピュレーションは、ボルツマン分布に従うとすると、このエネルギーの逆数にほぼ比例するはずである。つまり

$$\sigma = \sigma_D + \sigma_P$$
$$= A + B/\Delta$$

の形となるはずである。だから化学シフトを第一吸収帯のピーク波長に対してプロットすると直線関係が見出されることになる。

実際にプロクターとユーの得たコバルト－五九の化学シフトデータと、可視・紫外吸収スペクト

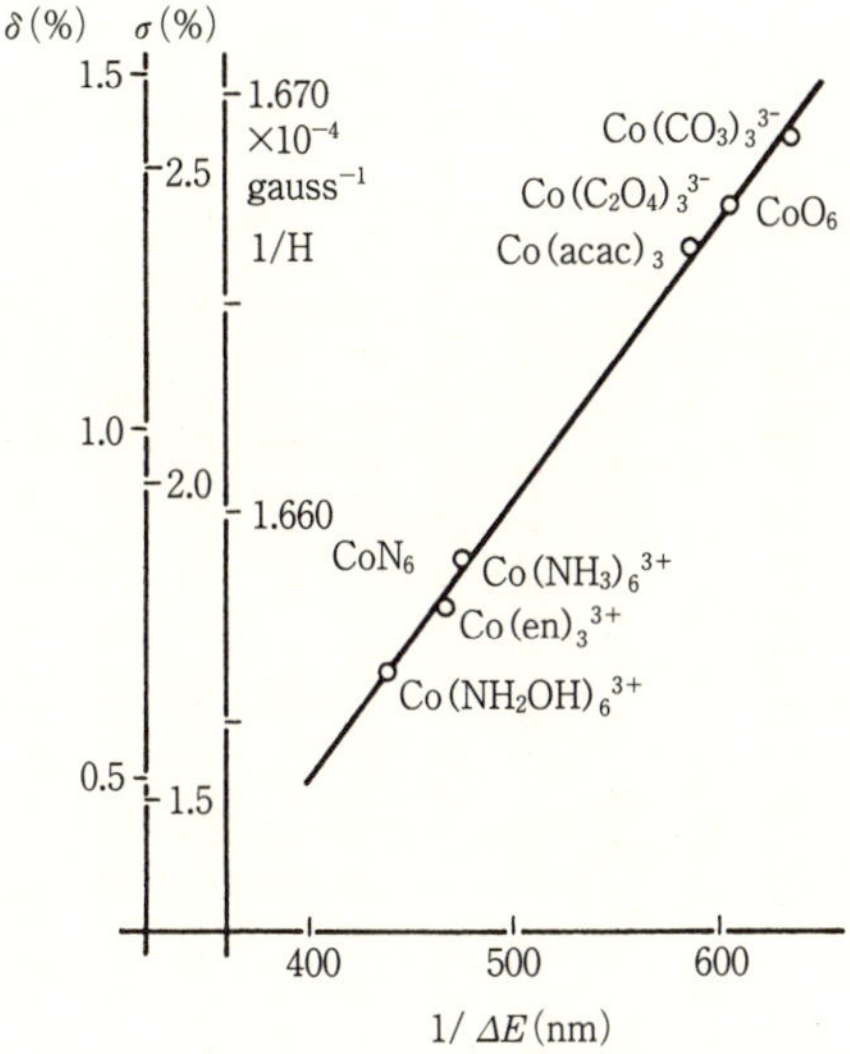

図 4.5　共鳴周波数を第一吸収帯の極大波長に対してプロットしたもの（グリフィス-オージェルプロットの例）（S. Fujiwara, F. Yajima, A. Yamasaki, J. Magn. Resonance, 1, 203 (1969)）

ルのデータを合わせてプロットすると見事な直線関係が得られ、あまり面倒な仮定をおかなくとも単純明快な解答が得られたことになる（コバルト-五九の場合、伝統的に$[Co(CN)_6]^{3-}$が標準物質として利用されてきたが、化学シフト範囲が大きいので、測定方法や計算方法によるズレが結構大きいことに注意する必要がある）。

風聞によると、グリフィスとオージェルの二人は、国際会議に出席のためニューヨークのウォールドーフ・アストリア・ホテルに滞在していて、ロビーで偶然出会い、無駄話をしているうちにどちらからともなくこの結論を導いたといわれる。

筆者たちが以前に測定したデータによるグリフィス-オージェルプロットの図を図4・5に掲げる。

この直線関係はいささか見事でありすぎて、その後の測定者たちはデータが得られるとすぐに吸収スペクトルの極大波長に対するプロットをとるくせがついてしまったが、実はコバルト(III)錯体においても範囲を限定しないと美しい直線関係は得られない。白金やロジウムなどの他の錯体の場合でも同様である。ただ、配位原子の組み合わせが同じであるならば、どの場合でもかなり明白な直線関係が得られる。つまり前述のσの式におけるAとBの価は普遍的ではなくて、「他の条件の違いが無視できるなら定数と見なせる」ということなのである。現にCoS_6タイプの錯体は、CoO_6タイプの錯体とほぼ同じような色調を持つ(つまり第一吸収帯の吸収極大波長にはそれほど差がない)が、化学シフトは大きく異なった価となる。

三価の反磁性コバルト錯体の場合、第一吸収帯の波長は三〇〇ナノメートルから六五〇ナノメートルの範囲にある。だが、このd-d吸収帯は釣り鐘型で幅広い(もともとd軌道のdはdiffuse(ぼやけた)に由来している。昔の本には「鈍系列スペクトル」などと記載されていたこともある)から、類似した構造の錯体を識別、確認するのはかなりむずかしい。ところが、コバルト-五九のNMRでは化学シフトで一五〇〇〇ppm以上の広い範囲に分布していて、配位原子の対称性の高い錯体の場合には、数ppmもの化学シフト差があれば明瞭に識別、定量も可能である。トリスプロピレンジアミンコバルト(III)錯体の各異性体の識別などの例を見ると、実に強力な研究手段であることがよくわかる。

コバルト-五九の場合、この核はスピンが7/2なので、磁気モーメントのほかに電気四重極モーメントを持っている。そのために、原子核の周囲の電荷分布の非対称性の影響を受けて、四極子緩和が起こり、スペクトル線の幅が広くなる。この場合、中心のコバルトの位置における電場勾配

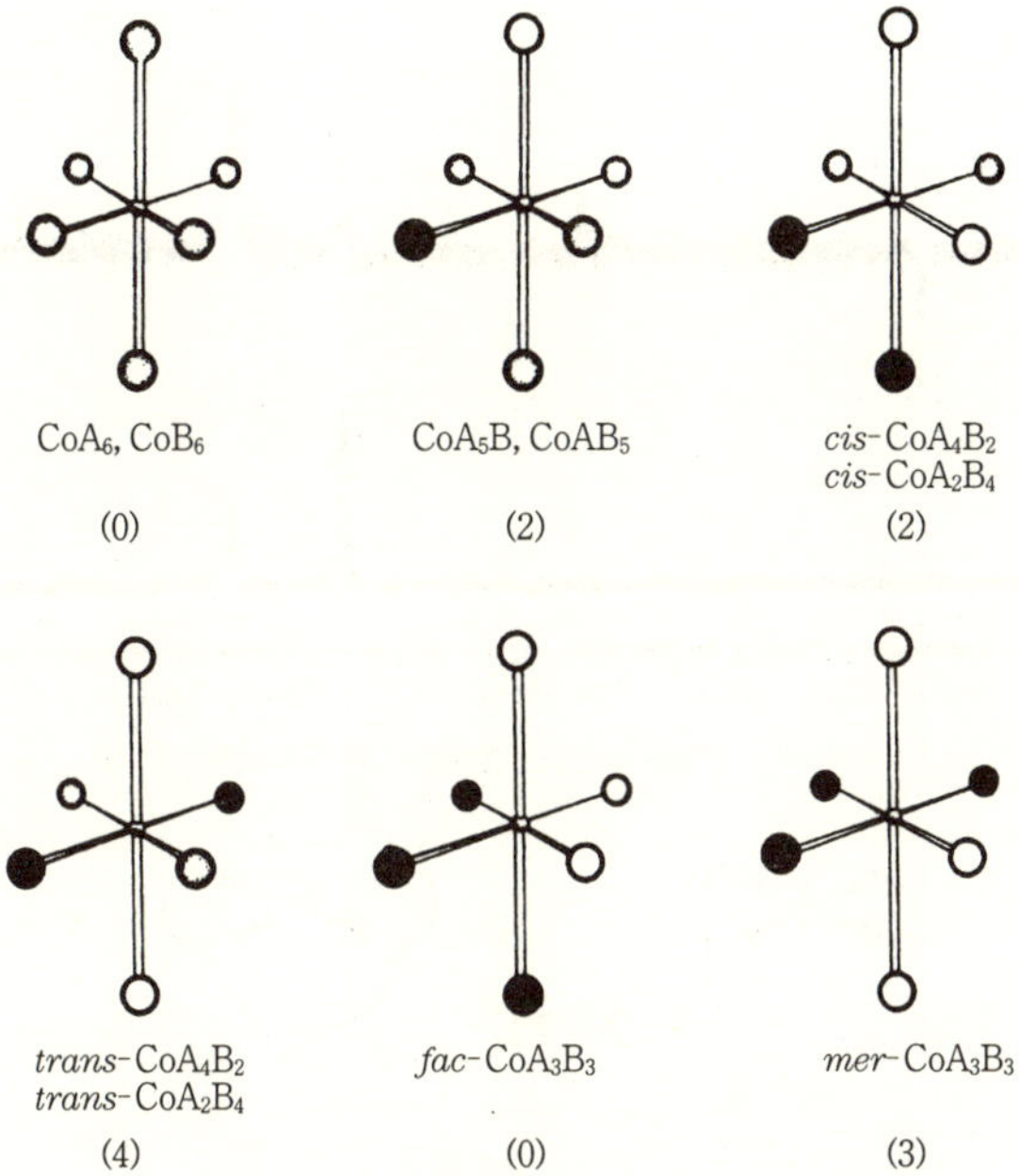

図 4.6　二成分系錯体（六配位）の中心位置における電場勾配（q）の相対値（かっこの中の値）。q が大きいほどスペクトルの線幅は広くなる。

が線幅に大きく影響することが導かれている。

ヴェルナー以来の八面体六配位構造の錯体を考えると、六個とも同じ配位子である場合には、中心位置における電場勾配は当然ながらゼロとなる。だが、それ以外の場合には常にゼロでない電場勾配があると考えなくてはならない。筆者たちが検討した結果では、NMRスペクトル線の線幅に対する配位子の寄与は、配位原子の組み合わせだけでかなりの予測が可能である。たとえば、一連の $[Co(NH_3)_x(NO_2)_{6-x}]$ のタ

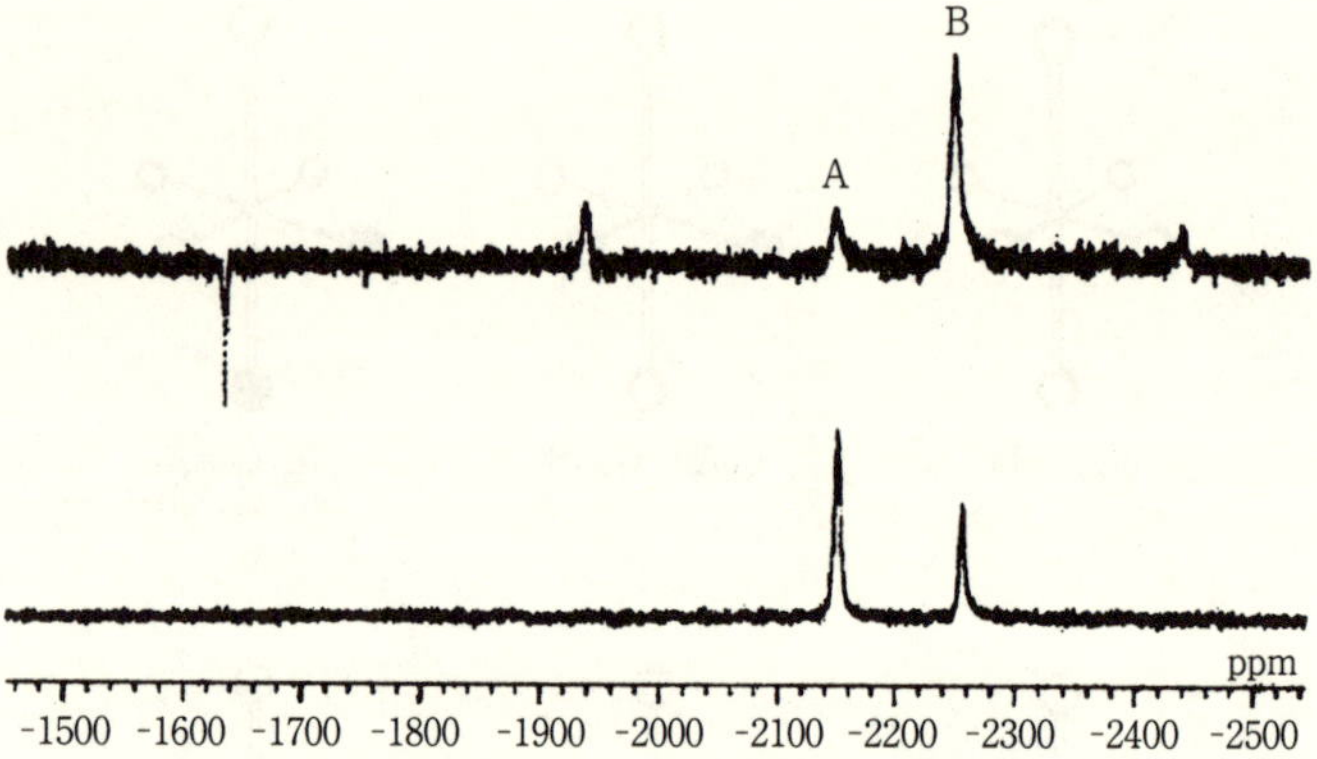

トリグリシンを配位したPt^{2+}錯体の^{195}Pt NMRスペクトル

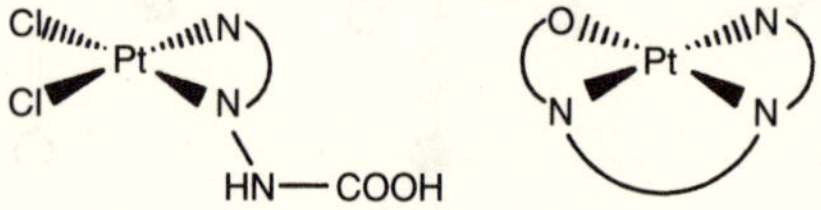

A　　　B

錯体の推定構造

図 4.7 $K[Pt(glyamide)Cl_4]^-$ の ^{195}Pt NMR スペクトルと錯体の推定構造

イプの錯体は、配位原子は全部窒素である、つまり CoN_6 タイプと考えることができるが、$[Co(NH_3)_x(OH_2)_{6-x}]$ タイプのものよりはずっとシャープな（線幅の小さい）スペクトルを示す。もちろん NH_3 と NO_2 は完全に等価ではないから、異性体による幅の拡がりの違いがあり、その傾向もほぼ予測どおりになる。

白金

天然に存在する白金の同位体は六種類あるが、その中で核スピンを持つものは質量数一九五のものだけである。これは天然存在比三三・五％で全体のほぼ三分の一にあたる。

コバルトと違って核スピンは1／2なので、核四極子モーメントを持たないから、配位原子の違いによる広幅化は起きない。そのために測定例はかなり多く、すでに数千件以上のデータがある。ただ、コバルト-五九の場合と違って、こちらの場合には標準物質として用いられている化学種が何種類もあり、しかも中にはいささか疑わしい記載すらある。基準として比較的ポピュラーなものは塩化白金酸の重水溶液である。ただ、溶媒組成による化学シフトの差も無視できないため、報告された値にも数十ppm程度のずれが出る可能性を見越しておく方がよいだろう。

典型的な錯体の配位原子の組み合わせごとの化学シフトの違いを表4・2に示す。これから、溶液内で新たに生成した錯体がどのようなものかを予測するのにはきわめて強力な手段であることがよくわかる。

表 4.2　$Pt(NH_3)_xCl_{4-x}$ の ^{195}Pt-NMR 化学シフト

x	錯体	δ_{Pt}^{obsd}(ppm)
0	$[PtCl_4]^{2-}$	−1622
1	$[Pt(NH_3)Cl_3]^-$	−1864
2	$[Pt(NH_3)_2Cl_2]$	−2122
3	$[Pt(NH_3)_3Cl]^+$	−2375
4	$[Pt(NH_3)_4]^{2+}$	−2594

ニオブ-九三

NMRの測定に有利なのは、天然存在比が高くて、核磁気回転比 γ が大きい（共鳴周波数が高い）ことと、反磁性の化合物が多いことである。電子の磁気モーメントは核に比べると非常に大きいから、常磁性の化学種ではNMRを観測することは著しく難しく、よほど条件に恵まれた場合でもなくてはまず無理と考える方がよい。

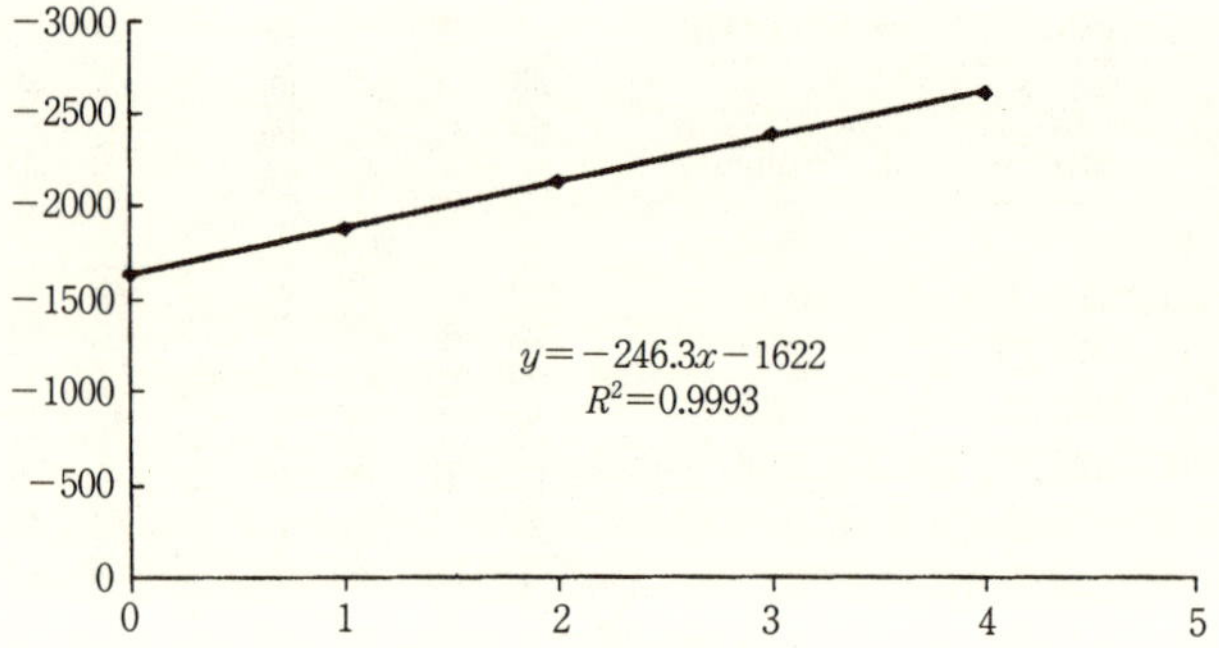

図 4.8　配位子の変化による ^{195}Pt NMR 化学シフトの変化

遷移金属の中でNMRの測定がしやすい核として、上記のコバルトや白金以外には、バナジウムとニオブぐらいしかない。五価のニオブはd電子を持たないイオンで、ハロゲンのイオンやアルコキシドなどと錯体を形成し、かなり多くの化学シフトデータが蓄積されつつある。ニオブ酸リチウム（$LiNbO_3$）は昨今流行の強誘電性の電子材料の一つであるが、これをいわゆる「ゾル-ゲル法」で調製する際の母液中の化学種の研究などが行われている。

ほかの核種の場合でも、NMRスペクトルの研究例は少なくないが、錯体化学の面から興味ある測定の例はさほど多くない。だが、超伝導利用の高磁場マグネットが普及してくると、以前ならば感度が低かったり、溶解度が小さすぎてシグナルが得られなかったなど、スペクトルを得るのが困難であったものも何とか測定可能となってきたので、これからは期待が持てるであろう。ただ、それぞれの核種についての化学シフトや線幅の基礎データの集積はまだ十分であるというにはほど遠い段階であり、まだまだ未開発の分野であるともいえる。

配位子のNMRスペクトル

金属に直接配位した原子で核スピンを持つものならば、遊離の状態との違いからいろいろな情報が得られる。特にリンや窒素-一五などのように核スピンが1／2のものでは、周囲の核や、配位結合した相手の金属核種とのスピン-スピンカップリング定数を求めることができるので、これから錯体の立体配置を定めたり、異性体を区別したりするのに大きく役立っている。窒素-一五や炭素-一三は天然存在比が小さいが、濃縮同位体を用いることでこの難点を克服することが可能である。ホスフィンやホスファイト（亜リン酸エステル）などは多くの金属に配位するので、これらのリン-三一の化学シフトとスピンカップリングについてはかなりのデータが集積されている。

NMRでは時間スケールが問題となり、シグナルが分離して観測できるためには、相互のサイトの交換が遅いことが必要となる。迅速なサイトの交換が起きると区別できなくなってしまう。たとえば、酢酸やトルエンのメチルプロトンはもともといくつかのサイトにそれぞれ存在しているはずだが、軸の周りの回転が速いので細い一本のシグナルになる。有機金属化合物で、π-アリル結合を含むものでは、温度を変えて低温にすると二つのサイトにそれぞれ固定された別の異性体の存在が確認できることもある。これはいわゆる「ダイナミックNMR」と呼ばれる手法であり、コンピュータシミュレーションでスペクトルパターンを解析することで、異なるサイトの間の交換速度を求めることができる。

電子スピン共鳴（常磁性共鳴）

一九四五年、ソヴィエト（当時）のザヴォイスキーが、磁場の中にある常磁性の化合物の含む不対電子による電波の吸収をはじめて観測した。電子の磁気モーメントは原子核よりもずっと大きいため、通常はマイクロ波領域の電磁波を用いて実験が行われる。もともと遊離基（フリーラジカル）や格子欠陥などの物性論的研究の手法として始まったのだが、遷移金属の化合物は不対電子を持ち、測定対象となりやすい。もっとも不対電子があるからといってもどんなものでもスペクトルが測れるというわけではない。スピン緩和時間が短すぎると、シグナルは観測できなくなってしまうし、化合物中に多数の不対電子が存在すると、その相互間の干渉作用は著しく何一つ情報が得られぬこともある。錯体の場合には、同形の反磁性イオンを含むもので磁気的に希釈して、相互間の干渉を減らすこともある。

これを逆に利用して、天然産の鉱物中に含まれる常磁性の不純物の存在状態（つまり配位構造）の研究に応用した例もある。たとえば、方解石（天然産の炭酸カルシウム）中に含まれる微量のマンガン(II)のＥＳＲ（電子スピン共鳴）シグナルを測定して、Mn^{2+} $(3d^5)$ の周囲の酸素原子の配列を解析したりできる。もちろんそのためには主成分（マトリックス）の方は反磁性のものでなくてはならない。ＥＳＲスペクトルが観測しにくい場合、ほとんど同じサイズで、錯形成様式の類似したイオンを使って同形の錯体をつくらせ、これにより活性中心の研究を行った例もある。たとえば後述のブレオマイシンは、Fe^{2+} と錯形成したものが薬剤として有効なのだが、この錯体は常磁

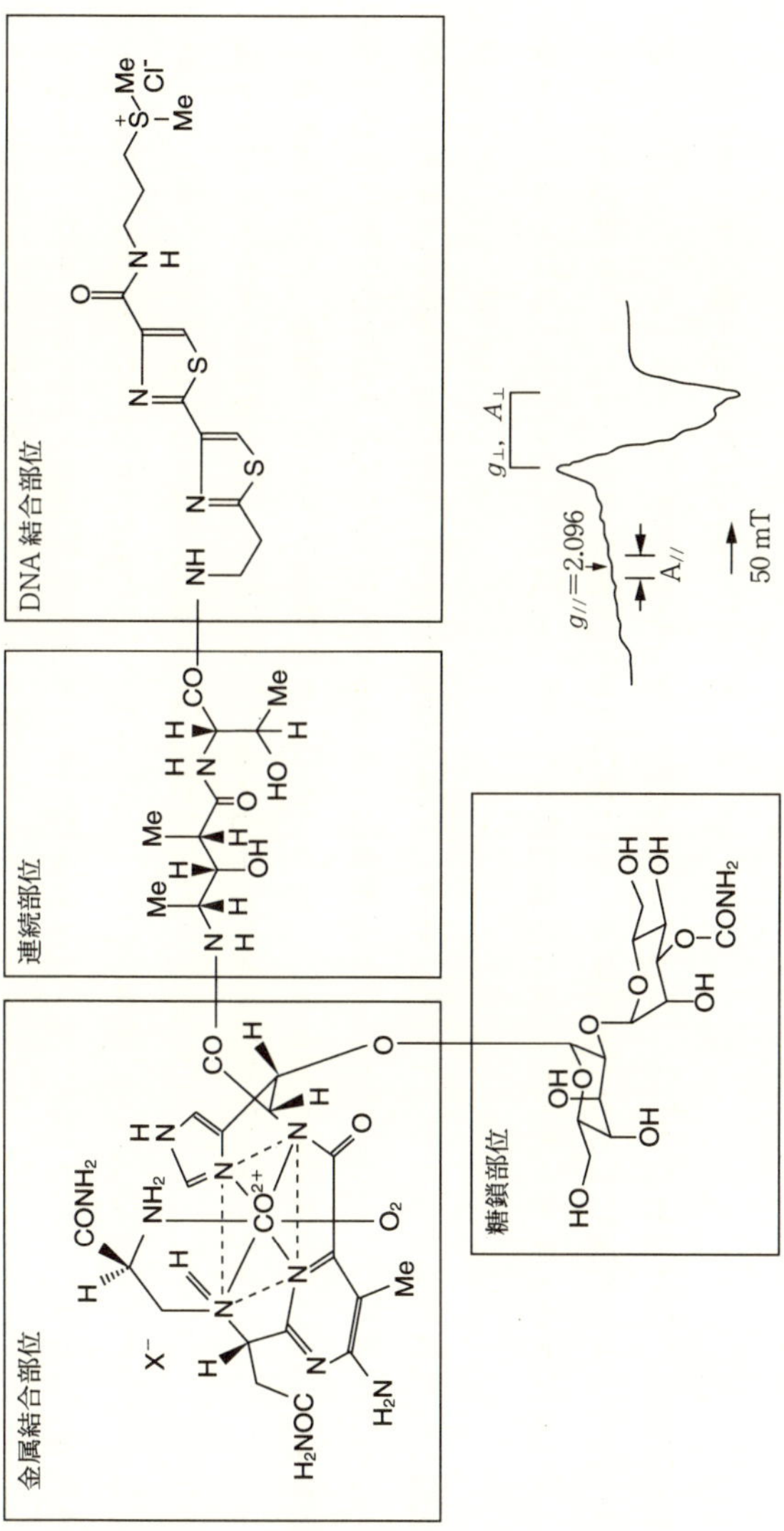

図 4.9　ブレオマイシンコバルト（II）錯体と ESR スペクトル。分裂状態から配位子の結合状態がわかる。

性ではあるものの、ESRスペクトルから情報を得ることは難しい。かわりにCo^{2+}イオンとの錯体をつくらせて、このESRから配位構造の推定がなされた。

室温付近で容易にESRスペクトルが測定できる錯体は、マンガン(II)のようにd^5のタイプのイオンのほか、d^1のイオン(たとえばTi^{3+}やV^{4+}など)、とd^9(Cu^{2+}など)のイオンを含むものである。ランタニド元素の中では$4f^7$の構造を持つGd^{3+}ぐらいである。

核がスピンを有する場合には、これによって電子のエネルギー状態に分裂が起きるので、シグナルは多重線となる。有機ラジカルの場合はもっぱらプロトンによる分裂が観測されるが、遷移金属錯体の場合には中心金属の核スピンによる多重線(超微細構造、よくhfsのように略記されるが、hyper fine structureの省略形である)が観測でき、これをもとにいろいろな局部的に詳しい情報が得られることとなる。

ガドリニウム以外のランタニドの諸イオンなどは配位構造に基づいて種々興味あるESRスペクトルを示すのだが、スペクトルを観測することは難しく、液体水素、あるいは液体ヘリウムなどで冷却してはじめてスペクトルが観測できたという例が少なくない。そのためまだこれらの錯体を対象とするESRの報告はそれほど多くはない。

第五章　キレート剤と錯形成の応用

第一節　血液凝固をとめるには

輸血時などで血液凝固を防ぐ必要がある場合、クエン酸ナトリウムの水溶液を添加することが有効である。これは今から百数十年前にフランスで偶然のことから発見されたらしいのだが、現代的に考えると、遊離のカルシウムイオンをクエン酸とのキレート錯体生成を利用して減少させ、凝固に関与しないようにすることにあたる。このように、望ましくない反応をさせないように特定の試薬を加えて錯体を形成させることを「マスキング」（遮蔽）という。定量分析の場合など、時によってはあとでこの錯体を分解させる（デマスキング）ことも行われる。

血液凝固のメカニズムはいろいろと複雑であるが、その中で遊離のカルシウムイオン（もちろん血液中だから水和している）が重要な役割を担っている。これをクエン酸イオンと錯形成させることで、遊離のカルシウムイオン濃度を減らすと、血液の凝固は著しく遅くなる。このために添加するクエン酸ナトリウム液は日本薬局方によっても定められていて、「濃度一〇%のものを血液五〇〇ミリリットルに対して二〇～三五ミリリットル添加する」と、混合比も定められている。昨今の各地の病院で頻発する医療ミスは、看護師そのほかの医療スタッフが自分できちんとした濃度の溶液を調製した経験がほとんどないことが原因の一つだともいわれている。

ヒトの体温付近におけるカルシウムのクエン酸錯体の平衡定数Kは一五〇〇ほどであることがわ

かっているので、処方どおりにクエン酸ナトリウムを添加した時に、血液中のカルシウムイオンの濃度はどのぐらいになるかを求めてみよう。これはまさに錯形成平衡がどのように役立つのかを示してくれる好例でもある。クエン酸は英語ではcitric acidというので、クエン酸のイオンはcit^{3-}であらわすことにする。平衡定数Kは次の式であらわされる。

$$Ca^{2+} + cit^{3-} \longleftrightarrow Cacit^{-}$$

$$K = [Cacit^{-}]/[Ca^{2+}][cit^{3-}] = 1500$$

これを変形すると

$$[Ca^{2+}]/[Cacit^{-}] = 1/K[cit^{3-}]$$

のようになる。クエン酸ナトリウムを薬局方の指示どおりに添加したとすると、このときの血液中のクエン酸イオンの濃度は約〇・〇二モル／リットル。そうすると、カルシウムイオン濃度は三〇分の一に低下することとなる。

クエン酸イオンはもともと血液中にも微量ながら存在していて、やがて分解・代謝を受けて除かれるから、輸血されたあとで血液が固まりにくくなることはない。つまり上の式でのcit^{3-}の濃度が小さくなると、カルシウムイオン濃度が次第に増加して最初の状態にもどるのである。

第二節　溶媒抽出法とは

第二次大戦中の原子爆弾製造のための「マンハッタンプロジェクト」でまず問題となったのは、核分裂性物質のウランやそのほかの原子炉材料をかなりのスケールで高純度に精製しなくてはならないことであった。また、核分裂を起こしたあとのウランから、ほかの元素を分離精製することも要求された。いわゆる「核燃料再処理」である。中でも重要なのは同じように核分裂性を持つプルトニウム-二三九であるが、テクネチウムをはじめとしていろいろと有用な核分裂破片（フィッションプロダクト）を単離しなくてはならない。ほかの方法では生産できない同位体など、利用できるものはとことんまで回収して活用するのである。全部穴を掘って埋めてしまえばすむというものではない。

ウランの化合物が有機溶媒に可溶で、水溶液から抽出分離できることが知られたのははるか昔で、フランスのペリゴーによって報告されたのが一八四〇年のことである。硝酸ウラニル水溶液をジエチルエーテルと振り混ぜると、ウラニルイオンにエーテルを付加した錯体が生成し、これが有機溶媒によく溶けるのである。やがてプラスチックの可塑剤として開発されていたリン酸アルキルエステルのうち、トリブチルエステル（ＴＢＰ）が優秀な抽出試薬であることがわかり、このケロシン溶液を用いるウランの精製プロセスがＰＵＲＥＸ法と名付けられ、広く実用化した。

このリン酸トリブチルなどを利用する抽出系はおおむね単座の配位子が金属に結合して疎水性の大きな塩（イオン対）を形成することを利用している。そのために「イオン会合系抽出」と呼ばれる。リン酸トリブチルのほかに、トリオクチルホスフィンオキシド（TOPO）や第四級アンモニウム塩、あるいはローダミンBやメチレンブルーなどの陽イオンとなる色素が用いられることもある。

キレート性の配位子を用いて有機溶媒にいろいろな金属イオンを抽出することも、比色分析などに応用されてきた歴史は長いが、やはり系統的な研究が進んだのは第二次大戦のころからである。多くの分析試薬は多座配位子であり、生成した有色錯体を検体の水溶液から有機溶媒相に抽出することで、夾雑物質の妨害や干渉を避けることは百数十年も前から用いられている手法であった。

ジチゾン（ジフェニルチオカルバゾン）やオキシン（8-ヒドロキシキノリン）などは古くから有名な金属イオンの検出試薬であるが、どちらも優れたキレート錯体生成能を持っている。このほかにβ-ジケトンに属するアセチルアセトンや、ニッケルの検出試薬として有名なジメチルグリオキシムなども同じである。ただ、希土類元素や超ウラン元素などとの錯形成や溶媒抽出には、これらの試薬では、金属錯体の溶解度が小さいために大量処理が難しいからあまり好適ではないので、いろいろと探索が行われ、β-ジケトン類の中でももっと置換基のグループが大きくなっているベンゾイルアセトンやジベンゾイルメタン、テノイルトリフルオロアセトン（TTA）などが、有機溶媒に対する溶解度が格段に大きいので有効であることがわかった。これが第一章で紹介した郵便物の自動分類に使われている赤橙色の蛍光色素（ユウロピウムのTTAキレート）にも利用されている。

第三節　希土類や超ウラン元素の分離

イオン交換分離

古典的な分離分析方法では、なかなか相互分離の難しかった元素を高純度に分離するためには、一度の分離ではうまくゆかなくとも、段数を重ねることで分離効率を上げるクロマトグラフィー方式が有効である。スルホン酸基を導入したポリスチレンは陽イオン交換体として作用するので、これに希土類元素のイオンを吸着させておき、クエン酸やEDTAなどのキレート試薬水溶液をカラムの上から流す。この操作を「溶離」という。この時に、それぞれの元素の錯体の生成定数はわずかしか違わないから、普通にビーカーの中などで同じ操作をしても有効には分離できないが、カラムを用いて連続的に分離を重ねると、最終的にはほぼ完全に分離したフラクションが得られることになる。希土類元素（ランタニド元素にイットリウムとスカンジウムを含めたもの）の相互分離はこれによって可能となり、スケールアップされた結果、新しい用途も開けてきた。カラーテレビの蛍光体や、強力で小さな磁石、さらにはレーザー光源など、以前の純度の低い試料ではとても実用化できなかったものである。

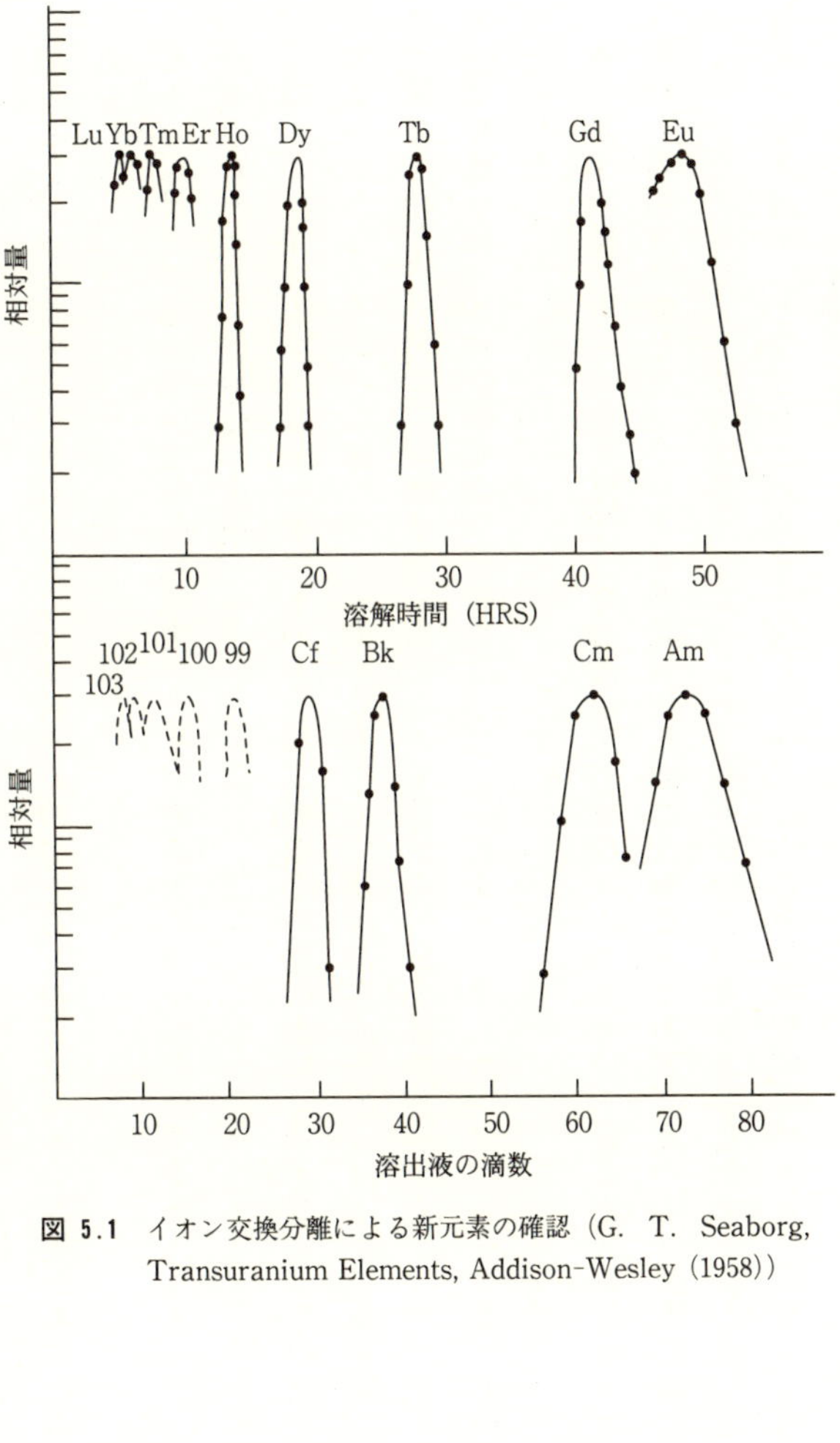

図 5.1　イオン交換分離による新元素の確認（G. T. Seaborg, Transuranium Elements, Addison-Wesley (1958)）

この時に用いられる溶離試薬としては、あとの処理の容易さ（分解しやすさ）などからクエン酸や、α-ヒドロキシイソ酪酸などのヒドロキシ酸類（このごろの食品業界では「フルーツ酸」などと総称されているが、食用果実に多く含まれるものである）のアンモニウム塩がもっぱら利用されている。

ビキニ環礁での原子爆弾実験の結果生じた放射性物質の中から、原子番号九九と一〇〇の両元素が発見されたのも、錯形成を利用したイオン交換のおかげである。サンゴ礁のかけらを溶液として、陽イオン交換樹脂に吸着させたものをクエン酸塩との錯形成により溶離し、その出てくる各フラクションからいろいろな超ウラン元素を分離した。錯体の生成定数はほぼ原子番号順に緩やかに変化するものが多いので、溶離されて出てくる順番から、原子番号を推定することができる。この方法で生成が確認された両元素にはのちに「アインスタイニウム」、「フェルミウム」という名称が与えられた。

溶媒抽出分離でも、一度では充分な分離が不可能なケースが多い。たとえば、ジルコニウムとハフニウムの相互分離とか、ランタニド元素相互間の分離などである。その昔は分別結晶法しか手段がなかったのだが、一度の抽出操作で、もとよりも成分比が多少とも変化するならば、この操作を何回も繰り返すことでどんどん純度を向上させ、ほぼ完全な相互分離が可能である。このために用いられるのが「向流分配法（カウンターカーレント）」である。

この分離の模式図は図5・2のようになるが、イオン交換分離の場合もほぼ同じように解析できる。

分離の各ステップ（これを「段」という）ごとの効率はそれほど大きくなくとも、何段も重ねると分離効率は指数関数的に増大する。原子炉材料として有用なジルコニウムには、著量のハフニウムが混在しているものがほとんどである。また、五九番元素のプラセオジムと六〇番元素のネオジムも分離が大変に難しい例であるが、この方法の導入によって高純度のものが得られるようになって、強力永久磁石などへの応用面が開けた。

ジルコニウムは原子炉中性子をほとんど吸収しない（だから核燃料被覆材料として絶好なのである）が、ハフニウムは逆に中性子吸収能力が著しく大きい。だからジルコニウム中にハフニウムが混在していると、核分裂の連鎖反応が起きなくなってしまうのである。

向流分配法

二種の互いに混ざらない、たとえば水とベンゼンのような溶媒に、その両方に溶ける二種類の物質a、bを溶かすとする。aは水の方によく溶け、bはベンゼンによく溶けるとする。この時aとbに分配係数に差があるという。図5・2に向流分配法の原理図を示し、分配係数Kの異なる試料が分離していく様子を図5・3に示す。まず、三個の分液ロートに番号を0、1、2とつけ、おのおのにVミリリットルずつ溶媒Aを入れておく。ロート0に一定量の試料を加えた後、溶媒Aと混ざらない別の溶媒BをVミリリットル入れ、十分振り混ぜて静置する。次にロート0の溶媒Bに相

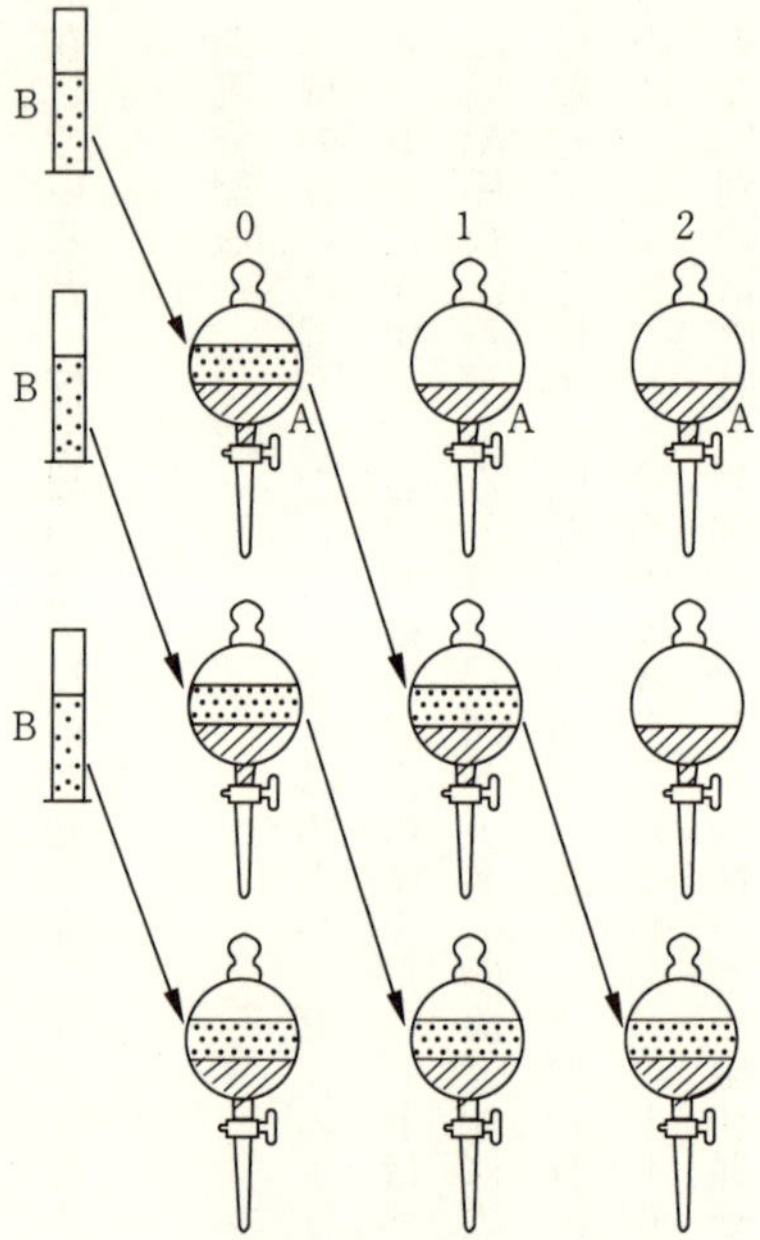

図 5.2　向流分配法の原理（分析化学辞典編集委員会編、分析化学辞典、共立出版（1971））

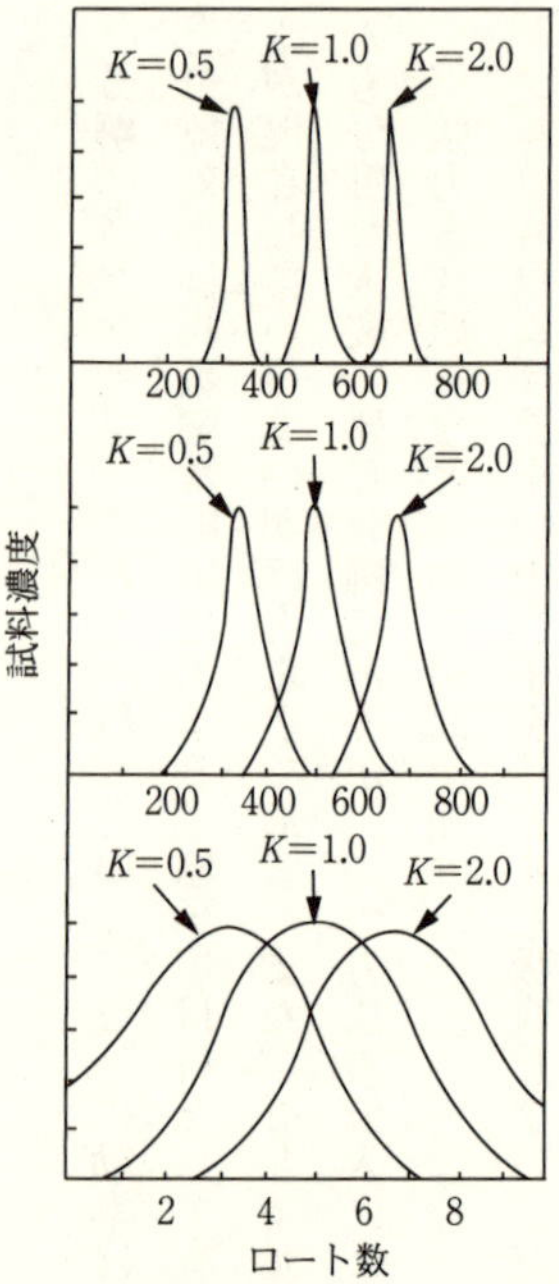

図 5.3　分配係数 K の異なる試料が分離していく様子（分析化学辞典編集委員会編、分析化学辞典、共立出版（1971））

当する上層液をロート1に移し替え、同時にロート0に新しい溶媒Bを V ミリリットル入れ、二個のロートを十分振り混ぜて静置する。続いて同じ要領で1の上層をロート2に入れ、三個のロートを十分振り混ぜる。この操作によって各ロートに分配される各試料の割合が変わってくる。この方法を向流分配法という。図5・3からわかるように、ロート数が多くなると K の異なる試料は分離していく。

第四節　キレート滴定

金属イオンがいろいろな配位子と反応することを利用して、容量分析法による定量（滴定）を行う方法は百数十年来の歴史がある。これらは「錯滴定」と呼ばれ、リービッヒの発明したシアン化物を硝酸銀で滴定する方法や、ホウ酸などのきわめて弱い酸にマンニトールやグリセリンを添加して錯形成を起こさせ、その結果遊離してくる水素イオンをアルカリで滴定する方法などが古くから知られていた（マンニトールなどの多価アルコールは、ホウ酸と環状のエステルを生成して水素イオンを放出する。これは見方によってはホウ素（Ⅲ）との錯体形成そのものでもある）。

現代風の「キレート滴定」は、これらとは多少異なっていて、金属イオンに配位する官能基を一分子内にいくつも持つ配位子（多座配位子という）を用い、安定度定数の大きな錯体をつくらせることを利用する。「キレート」はギリシャ語の $\chi\eta\lambda\eta$ (chele) が語源であるが、カニのハサミを意味している（日本分析化学会が以前に作成した教育用スライドのキレート滴定編は、一枚目がおむすびをカニが抱えている絵（猿蟹合戦）であった）。

単座の配位子よりも、キレート配位子の方がずっと安定な錯体を形成するのはエントロピー効果のなせる業である。

第一節で記したように、クエン酸のイオンとカルシウムが反応して水溶性の錯体をつくることか

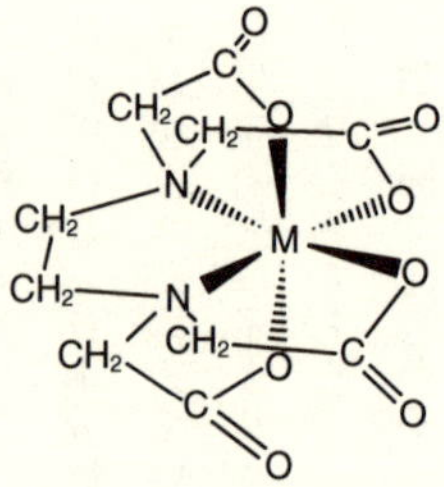

図 5.4 典型的なEDTAキレートの構造

ら、分子内に金属陽イオンと反応しやすい官能基を多数含んでいる有機化合物を利用すると、これらを捕捉することが可能となる。いろいろなものが合成されて試みられたが、その中で成功を収めたものはアミノポリカルボン酸類であった。これらは総称して「コンプレクサン」とも呼ばれるのだが、エチレンジアミンなどのアミン類に酢酸基を導入した構造のものである。用途によってシクロヘキサンジアミンやジエチレントリアミン、グリコールエーテルジアミンなどのもっと大きなアミンを骨格とすることもあるし、酢酸基の代わりにプロピオン酸基や安息香酸基、アルキルリン酸やアルキルホスホン酸基をつけたり、一部をヒドロキシエチル基としたものなども使われる。

これらのアミノポリカルボン酸類の中で一番多量に利用されているものはエチレンジアミン四酢酸（ＥＤＴＡ）であるが、この遊離酸の形では水にはあまり溶けないので、通常は二ナトリウム塩が使われる。薬学や化粧品学の方面では「エデト酸」と呼ばれている。クリームやシャンプーなどの成分中に「エデト酸ナトリウム」と記してあるのはこのＥＤＴＡの二ナトリウム塩のことである。

ＥＤＴＡは多くの金属イオンときわめて安定なキレート錯体をつくる。ジルコニウムやトリウムのように、生成定数が一〇の二〇乗を超えるようなものでは、一規定硝酸溶液中で滴定することも可能である。カルシウムやマグネシウムでも一〇の一〇乗を超えるほどで、先ほどのクエン酸イオンとの錯体の生成定数一五〇〇（つまり一〇の三・二乗ほど）に比べると、本当に桁違いに大きいのである。だから、それほど錯形成能力が大きくない色素（金属指示薬）を使って、当量点で金属イオン濃度が急激に減少することで変色することを利用すると簡単に滴定ができる。

最初のころの金属指示薬は、エリオクロームブラックTなどのように、アゾ色素系統のものが多く、明確な変色が得られなかったり、共存イオンの影響で変色が認められなかったりすることも多かった。だが、スルホフタレイン系のpH指示薬のクレゾールレッドやチモールブルーを原料として合成されたキシレノールオレンジやメチルチモールブルーは、きわめて明瞭な呈色変化を示し、多くの金属イオンの定量用の指示薬に使われている。このほかにもそれぞれの金属イオンとの錯形成による顕著な色調の変化をする色素が数多く合成・応用されている。ただ指示薬として用いるためにはキレートの生成、分解反応が迅速でなくてはならないので、共存イオンがこの妨害となることがしばしばあり、第八節で述べる「マスキング」が必要となることも少なくない。

第五節　治療用の薬剤への錯形成の利用

以前にアメリカの大都市圏のスラム街で、小児の鉛中毒が頻発して大問題になったことがある。これは鉛白（塩基性炭酸鉛）を含むペンキが壁面からはげ落ちたものを、チューインガムも買えないほど貧しい家庭の子供たちが、代わりに口に入れて噛むという風習があったからだという。胃の中で鉛白は溶解して、鉛のイオンが血液中に移動する。

ニューヨークであるとき、この鉛中毒で意識不明になった子供が救急病院に担ぎ込まれ、緊急処置としてこのEDTAを静脈注射したところ、たちまちにして尿中に鉛が排泄され、その量は一日あたりで一〇〇ミリグラムにもなったという。もちろんその結果劇的な回復が見られた。同じように有害な金属を水溶性の錯体として排出させるためのキレート薬剤はほかにもいくつも利用されている。砒素や水銀などを除去するためのBAL（British Anti Lewisite, 2，3-ジメチルカプト-1-プロパノールの略称）や、過剰な鉄を排出させるためのデスフェリオキサミンB、銅の排泄用に処方されるペニシラミン酸などは中でも有名である（以前に韓国で重症のウイルソン氏病（銅代謝異常）と診断された子供の治療のために、日本からペニシラミン酸を含む薬剤を急遽航空便で送ったという新聞記事もあった）。

もっともEDTAは、前述のようにカルシウムとも安定なキレート錯体をつくって排泄させてしまうので、現在ではこの用途のためにはカルシウム錯体の水溶液を注射するようになっている。鉛の方が格段に安定度の大きな錯体をつくるので、遊離の配位子でもカルシウム錯体でも有効性にはほとんど違いがないのである。

ランタニドやアクチニドのようにサイズがもっと大きな金属イオンとの錯形成が目的の場合には、キレート環数の多いDTPA（ジエチレントリアミン五酢酸）やTTHA（トリエチレンテトラミン六酢酸）を用いることもある。

現在のMRI用の造影剤（実はコントラスト向上のために用いるのだがこう呼ばれている）には、「ガドペンテト酸ジメグルミン」なる奇妙な名称の薬剤が用いられている。これはランタニド元素の一つであるガドリニウムのジエチレントリアミン五酢酸（DTPA）錯体である（メグルミンはグルコースのジメチルアミノ置換体で、対陽イオンとして挙動する）。

いわゆる「漢方薬」の原料である「生薬」の中には、結構多数の無機質のものがある。これらを配合した処方が少なくないのは、体内における錯形成作用を巧みに利用して、副作用を軽減したり、有効な部位に大事な成分を輸送したりするのに役立っているらしいのだが、現在でも相変わらず未解明の部分が少なくない。今後の重要な研究課題でもあろう。たとえば、特定の悪性腫瘍の部分に集積する金属イオン（ガリウムやテクネチウムなど）はすでにいくつも知られていて、放射線利用診断（シンチグラム）などに利用されている。

金属イオンとの錯体形成を利用すると、有効薬剤分子の電荷が変わるわけだから、細胞膜の透過性や血液による運搬の様相などが変化してくる。かなり以前に、アスピリンを銅錯体の形として静脈注射を行うと、経口投与よりもはるかに迅速に解熱作用を示したという報告が出されている。現在の遺伝子治療などでも、せっかく体内に注入しても目的とする部位に到達するのがきわめてわずかしかない場合が多いから、いわば「闇夜に鉄砲」状態に近い。もう少し到達の効率を高めることができるだけでも、大きな福音となるだろう。

第六節　貴金属を溶液にする

金や白金は普通の酸（酸化性のない酸）には溶解しない。このような性質のことを化学的には「貴」であるという。逆にナトリウムやカリウムの金属は水とすら簡単に反応するし、マグネシウムや亜鉛、鉄などは塩酸や希硫酸に溶ける。銅や水銀、銀などは硝酸などの酸化性のある酸にのみ可溶であるが、金や白金はこれらにも耐えるのである。お馴染みの「イオン化傾向」というのは、ある限られた条件下での酸化のされ方の順序であり、暗記を強制されるほどの重要性はない。なかなかイオンになりにくい（酸化されにくい）金属でも、生成したイオンを何かの反応しにくい形に変えてどんどん除いてしまえば酸化を受けることになる。このために錬金術時代から使われてきた「王水」というものがある。これはラテン語の aqua regia の訳語であるが、濃塩酸三容と濃硝酸一容を混合した酸化力の強い液体である。有機物の分解などにも多用されるが、これを使うと金も白金も溶液にできる。

この時に生じるのは単純な金や白金のイオンが溶けている水溶液ではなくて、それぞれ「テトラクロロ金酸」「ヘキサクロロ白金酸」の溶液である。つまりどちらもクロロ錯体の $H[AuCl_4]$ と $H_2[PtCl_6]$ の形になっている。塩化物イオンとの錯形成が重要であることがこれからもわかるであろう。

古代中国の煉丹術では、不老長生の薬として「金液」を服用するために、黄金の溶液をつくるということがあった。この時代には王水はまだなかったので、どのようにしていたかは判然としていない。ただ、「滷《ろ》砂と明礬石と硝石の混合物と純金をよく混和して密封することで、液体の金を製造した」という記録があるという。これならば、明礬の加水分解（実はアルミニウムに配位している水分子のイオン化であるが）により生じる微量の酸分と、滷砂（塩化アンモニウム）と硝石（硝酸カリウム）の反応で、塩化物イオンを高濃度に含む王水類似の液体が生成するだろうから、長時間を掛けると確かにクロロ金錯イオンの形で黄金を溶液にすることはできるだろう。ただ、こんなものを服用しても体にいいことがあるとはとても思えない。歴代の帝王の中にも丹や金液を服用して命を縮めた面々が少なくないのである。

金や銀との錯形成試薬としてはシアン化物イオンも利用されている。金銀鉱石を粉砕し、シアン化ナトリウム溶液と混ぜて撹拌処理すると、空気酸化によって$[Au(CN)_2]^-$や$[Ag(CN)_2]^-$のような形となって、これらの金属を可溶化できるのである。石英や長石などの造岩鉱物はシアン化物とは反応しないから、選択的に分離することができる。これらの錯イオンを含む溶液に金属亜鉛を加えて反応させると、亜鉛は$[Zn(CN)_4]^{2-}$なる錯イオンをつくりやすいので、貴金属は還元されて析出する。金や銀のメッキに以前から「青化物浴」が利用されてきたのも、シアン化ナトリウム水溶液にこれらの貴金属が溶解可能だからである。

よく毒殺事件や脅迫事件で「青酸カリ」が使われて「メッキ工場から盗み出されたもの」だとい

う新聞記事が出てくるが、実際に工場で使われているものは「青酸ソーダ」すなわちシアン化ナトリウムなのである。

後にも出てくる金製剤はリウマチの治療にも活躍しているが、この時にはチオリンゴ酸の金錯体を利用している。その昔は肺結核の治療にも使われたことがあるが、この時は金のコロイドを病巣付近に注入する手法が用いられた。かなり有効ではあったらしいが副作用もあり、ストレプトマイシンやパス（パラアミノサリチル酸）、イソナイアジドなどのほかの薬剤に主役を譲ってしまった。これらの薬剤も、構造を考えるとキレート錯体の生成能力を持ったものばかりであり、何か特殊な金属イオンと併用することによって効力を強め、薬物耐性を減らすことが可能かも知れない。ガンの治療用に使われて有名になったシスプラチンも、命名法のところでも述べたように正式名は「シスｰジアンミンジクロロ白金」で立派な錯体である。これらについては第七章でもう少し詳しく触れる。

第七節　硬水を軟化する

硬水の多いヨーロッパでは、ボイラーや薬缶の内側にはカルシウムやマグネシウムなどの炭酸塩が大量に析出する。いわゆる「缶石（スケール）」である。ヨーロッパの地下には、中生代の厚い石灰岩が広範囲に堆積しているため、スカンジナヴィアやスコットランド、あるいはアルプスのような限られた地域を除くと、上水のほとんどは著しく硬度が高く、飲用にすら不適当なほどである。ジェイムズ・ワットが蒸気機関を普及させて以来、この缶石の析出は大問題であった。加熱効率は下がるし、時には大爆発を起こす危険性すらある。また洗濯に石鹸を使っても、スカム（石鹸滓）の生成のために洗浄効果はちっとも期待できない。

このためには溶解しているカルシウムイオンを除去するか、別の化合物によりマスクして、加熱しても炭酸塩として沈殿が起きないようにするか、石鹸の界面活性効果を妨げないようにする必要がある。このための「硬水軟化剤」として古くから用いられてきたのがメタリン酸のナトリウム塩である。リン酸分子が縮合してできるメタリン酸にはいろいろな種類があるが、その中でカルシウムイオンと親和性の強いものが選ばれて、長いこと使われてきた。

このメタリン酸ナトリウムは、ヨーロッパでは相変わらずかなり大量に使用されているが、わが国では琵琶湖条例などで規制された結果、リン酸分を含まない「無リン洗剤」の使用が次第に増加しつつある。もっとも、環境に対するリン酸イオンの負荷の増大は、洗剤よりも農業排水（施肥したものの流亡）の寄与が大きいので、これだけでは対策としては不十分である。

オランダあたりでは、以前にこのメタリン酸ナトリウムの代用として、同じようにキレート生成能のあるNTA（ニトリロ三酢酸）が試用されたことがある。ところがこの化合物には変異原性があるという報告が出て、軟化剤としての利用は中止されてしまった。もっとも、このあたりはリスク&ベネフィットの評価次第で、中止すべきだったかどうか今でも問題になっているらしい（水資源のリン酸イオン濃度上昇とどちらを重視すべきかというのである)。

無リン洗剤の場合のカルシウムイオンの除去のためには、粘土鉱物のモンモリオナイトなどが利用されている。これはイオン交換作用を利用して水中のカルシウムイオンをナトリウムイオンと交換しているのだが、わが国のようにもともと軟水の豊富な地域だからこそこれですむのである。

ドイツの化学実験室などで蒸留水を調製する際には、前もって脱塩のためにかなり大きなイオン交換カラムを通過させた水を用い、スケールの析出を最小限に抑えている。このイオン交換体として、以前はパームチットと呼ばれる無機質のゼオライト系の粒子を用いていたが、現在では同じ名称ではあるもののポリスチレン系のイオン交換樹脂がもっぱら利用されているようである。

第八節　マスキングとデマスキング

前にもふれた血液凝固阻止のためのクエン酸ナトリウムの添加は、まさに凝固活性物質のカルシウムイオンをマスキングによって作用しない形に変えたことにあたる。いろいろな元素の定量などに際して、妨害や干渉を与える共存金属イオンなどを捕まえて反応しない形にする「マスキング」は、比色分析やキレート滴定などで日常のように行われているのだが、実際の分析法の中ではあまりにも当然のことだからわざわざそうとは記さず、単に操作手順の一つとして「○○を加えよ」とだけ記しているものも少なくない。

フッ化物イオンの定量法は最近になって優秀なイオン電極を用いる方法が主となった。この際に問題となるのは、フッ化物イオンは鉄やアルミニウムなどのイオンと錯形成しやすく、これらのイオンが共存すると正確な濃度が求まらなくなることである。そのためにＴＩＳＡＢ（全イオン強度調整用緩衝溶液）という特別な溶液を試料溶液にほぼ等容添加して測定することとなっている。このＴＩＳＡＢは、フッ化水素酸が弱酸であるためにpHを調整してフッ化物イオンに完全解離が起こるようにするためが第一目的であるが、同時に鉄やアルミニウムなどの、錯形成を起こして定量を妨害するイオン類をマスクするために、CyDTA（シクロヘキサンジアミン四酢酸）を加えることになっている。天然水試料には結構著量の鉄やアルミニウムを含むものがあり、どうしてもマスクの必要があるからである。

一旦マスキング剤を加えて反応系から隠してしまったものに、別の試薬を加えて錯体を分解させ、再び反応可能なようにする操作を「デマスキング」という。容量分析（キレート滴定）ではお馴染みの方法でもあったが、現在では珍しい手法となってしまった。

カドミウムイオンと銅のイオンはどちらもシアン化物とかなり安定な錯体を生成する。銅のイオンは錯形成後直ちに還元されて$[Cu(CN)_4]^{3-}$となり、ちっとやそっとでは分解しない安定な形となるが、カドミウムイオンのシアノ錯体$[Cd(CN)_4]^{2-}$はこれほど安定ではないので、これらの混合溶液にシアン化物を加えて錯体をつくらせたのち、抱水クロラールを添加すると、抱水クロラールはシアン化物イオンを付加してシアノヒドリンを形成するので、シアン化物イオンの濃度はどんどん低下し、やがてカドミウムの水和イオンが溶液中に出現するようになる。これで銅と共存しているカドミウムのキレート滴定が可能となる。これがデマスキングの利用法の一例でもある。

先ほどの輸血用血液の凝固防止のために添加したクエン酸イオンも、体内では代謝を受けて分解されてしまうので、やがて裸の（水和した）カルシウムイオンがもとどおりに生成するのだが、これは生理作用によるデマスキングである。

第六章　触媒と有機金属錯体

今日、私たちの身の回りにあり、日常の生活に利用している物質には、金属、セラミックス、半導体、プラスチック、繊維、染料、香料、医薬品など数多くの種類がある。それらのうちには、自然界に存在するそのままのものを精製あるいは抽出して用いているものもあるが、たいていは、自然界そのままの物質ではなく、より利用しやすい性質を付与するために、それらを何らかの形で化学的に変換して別の物質としたものである。化学関連工業は、このような化学変換プロセスを経て高付加価値の製品を合成する産業である。医薬品などの特に付加価値の高い製品を生産する場合には、単純な原料から数段階ないし数十段階の化学変換を経て、複雑な構造を持つ最終製品を合成するプロセスも珍しくない。

化学工業における合成プロセスがこのように複雑化、多段階化したため、プロセスを構成する各段階の合成反応がクリアすべき条件はかつてないほど厳しくなっている。すなわち、目的物を効率よく生成し、不必要な副生成物をつくらないこと。反応条件は温和で、高温、高圧の条件や逆に冷却が必要なほどの極端な低温条件を必要としないこと。安価な原料を用い、生成物の分離や反応後の後処理の容易であることなどが求められる。これらの条件を充分に満たす合成反応を実用化することが、最終製品の生産に必要なコストやエネルギーの節約、あるいは合成プロセスが環境に及ぼす悪影響の低減という観点から、きわめて重要である。

ここに挙げた条件を達成し、合成反応を円滑に進めるために、数多くの触媒が利用されている。触媒は合成反応に必要なエネルギーを低減するとともに、目的物質の選択的合成を可能にする。そのため、現在化学関連工業が生産する製品のうち、およそ四分の三が何らかの触媒を利用するプロセスを経て合成されており、触媒の利用なくしては私たちの日常生活で利用する物質を入手できないほど、今日の化学関連工業における触媒の重要性は大きいといえる。

本章で取り上げる有機金属錯体と呼ばれる化合物の化学は、その基礎研究と産業触媒への応用が常に車の両輪として発展してきている。新たな触媒反応の発明が、有機金属錯体での特異な金属と炭素の結合の研究を発展させ、その成果がまた新たな触媒反応の発見に繋がるといった具合である。二〇〇〇年と二〇〇一年のノーベル化学賞を受賞した白川英樹博士と野依良治博士の研究業績も有機金属錯体の触媒作用と深くかかわっており、このことがとりもなおさず、今日の私たちの日常生活と触媒の関係がきわめて深いことと、その中でも有機金属錯体の触媒作用が重要であることをものがたっている。

第一節　有機遷移金属錯体とは

本章では、触媒作用を通して有機金属錯体の特徴について述べるが、まず、有機金属化合物について説明する。本書のこれまでの章では、主としてヴェルナー型遷移金属錯体について取り扱ってきた。ヴェルナー型遷移金属錯体では、中心の遷移金属の周囲の配位子が通常ヘテロ原子の非共有電子対で金属に結合している。配位子が炭素を含む有機化合物あるいはそのイオンであっても、ヴ

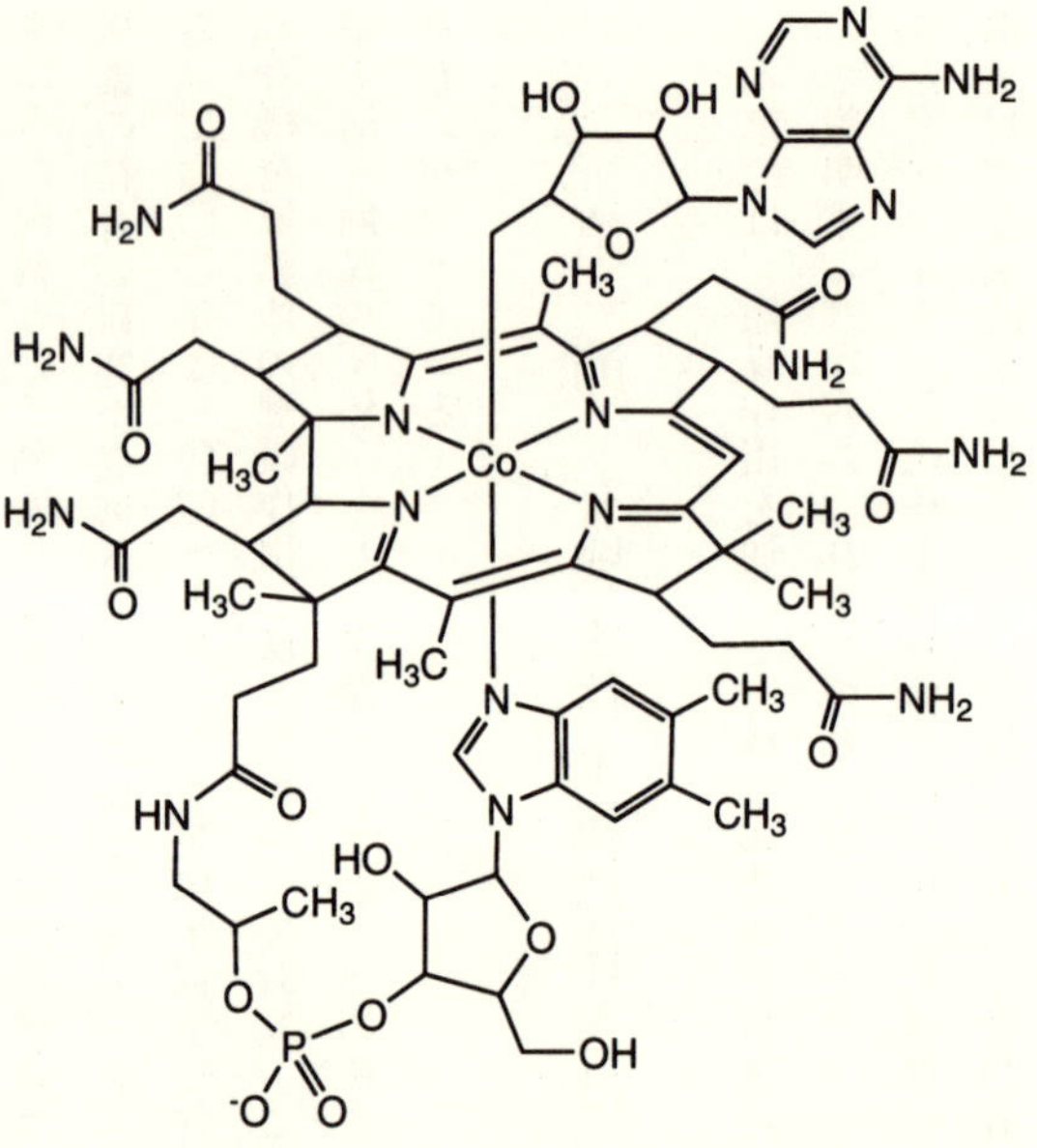

図 6.1　コバルトを含むビタミン B_{12} 補酵素

エルナー型錯体では酸素、窒素、硫黄、リンなどのヘテロ原子で金属に結合している。これに対し、金属と配位子が金属-炭素の直接の結合で結びついた化合物を有機金属化合物と呼ぶ。炭素原子が直接金属に結合した有機金属化合物は、いくつかの例外を除いて一般に不安定であり、自然界にはほとんど存在しない。数少ない天然由来の有機金属化合物でよく知られているものはビタミンB_{12}補酵素である。

　遷移金属のコバルトを含むビタミンB_{12}補酵素は、一九四八年にシアン化物イオンを配位子として持つシアノコバラミンとして単離された。シアン化物イオンが含まれるのは、単離の際にシアン化物イオンを含む溶液を用いるからである。その後一九六一年に、シアン化物イオンに代わってアデノシル基を持っているタイプのビタミンB_{12}補酵素の構造が、イギリスのドロシー・クロウフット-ホジキンの手で単結晶X線構造解析により明らかにされ、コバルトはコリン環を平面配位子とし、上下の位置には窒素原子で配位したイミダゾール基とσ結合したアデノシル基を持っていることが単結晶X線構造解析により明らかになった。

金属アルキル錯体は非常に不安定であり、水溶液中では容易に金属-炭素結合が加水分解を受けると考えられたため、生物の組織中つまり水溶液中に広く存在するビタミンB_{12}補酵素分子が有機金属化合物であったことは、重要な発見であった。ホジキンはこのビタミンB_{12}の構造決定を含む結晶構造解析の業績で一九六四年のノーベル化学賞を受賞した。アデノシル基が結合したビタミンB_{12}補酵素のほか、コバルトにメチル基が結合したメチルコバラミンも知られており、両者とも生体内でのさまざまな酵素反応に関与している。

ビタミンB_{12}補酵素は、遷移金属に炭素が結合した有機金属化合物であったが、アデノシル基のほかにコリン環やイミダゾール基などの窒素原子を介して結合する配位子も持っており、ヴェルナー錯体としての特徴も有している。そこで、このような化合物を有機遷移金属錯体と呼ぶ。一方、マグネシウム-炭素結合を持つグリニャール試薬をはじめとする、亜鉛、スズ、アルミニウム、リチウムなど典型金属と炭素の直接結合を有する化合物群がある。これら典型元素の有機金属化合物は、溶液中では錯体としてよりもむしろ極性の大きい有機化合物分子にたとえられる挙動を示し、有機合成反応においても触媒としてではなく化学量論的に求核試薬や強塩基試薬として用いられる場合が多い。したがって、以後本章では主として前者の有機遷移金属錯体とその触媒作用を取り上げることにする。

第二節　遷移金属カルボニル錯体のすばらしさ

ヴェルナー型錯体の金属-配位子間の結合は、主としてヘテロ原子上の非共有電子対のルイス塩基としての働きによるものと考えてよいだろう。一方、有機遷移金属錯体の金属-炭素間の結合では、配位子の電子対ばかりでなく遷移金属のd軌道電子が重要な役割を果たしている。そこで、遷移金属のd電子が結合に関与する典型的な例の遷移金属カルボニル錯体をまず取り上げる。

一八八八年、ルードウィヒ・モンドは一酸化炭素（CO）がニッケル金属と接触すると、揮発性の化合物が生成することを見つけた。この化合物は、ほとんど無色の液体として単離され、ニッケルが含まれていることが確かめられたが、それはたった三四℃で沸騰し、加熱によって速やかに分解し金属ニッケルとニッケル一原子に対しちょうど四分子の一酸化炭素を発生した。これがニッケルと一酸化炭素が結合したカルボニル錯体 $Ni(CO)_4$ の発見である。モンドは、この発見から数年のうちに、この分解反応を利用した高純度ニッケルの生産プラントを実現した。その後、二つ目のカルボニル錯体 $Fe(CO)_5$ がモンドと、フランスのベルトレーによりそれぞれ独立に合成された。どちらも一酸化炭素と非常に細かい鉄粉を反応させることで合成に成功したのである。そのほかの金属のカルボニル錯体は、今日、還元条件下で金属塩と一酸化炭素を反応させて合成されている。

これら揮発性の遷移金属カルボニル錯体の性質は当時の化学者の常識とかけはなれていたので、

その後数多くの研究がなされた。そして、今日でも遷移金属カルボニル錯体は有機金属化合物の中でもっとも重要な研究対象の一つになっている。

カルボニル錯体の遷移金属と一酸化炭素の結合は、炭素上の非共有電子対が遷移金属の空のd軌道に対しσ結合的に供与されることと、金属上の充塡d軌道の電子が一酸化炭素のπ^*-軌道に逆供与されることによって成り立っている。π^*-軌道は反結合性軌道であるので、金属からの逆供与の寄与が大きいほど、金属-炭素間の結合は強まり、逆に炭素-酸素間の結合は弱くなる。この逆供与の効果は赤外吸収スペクトルの一酸化炭素の伸縮振動を観測すると、吸収ピークが100～350 cm^{-1}程度低波数側にシフトすることからよくわかる。

このことを利用し、赤外吸収スペクトルにおける一酸化炭素の伸縮振動の波数変化を測定することで、一酸化炭素と同時に金属に配位している他の配位子の相対的な電子供与性を比較することができる。トルマンはホスフィン配位子$PR_1R_2R_3$の電子供与性がホスフィン置換基$R_1R_2R_3$によってどのように変化するかを、ニッケルカルボニル錯体$R_1R_2R_3P$-$Ni(CO)_3$の一酸化炭素の伸縮振動を調べて検討した。

その結果、一酸化炭素の伸縮振動をもっとも低波数にシフトさせる効果のあるR＝t－Buの場合を基準にすると、R＝CF_3の時には、19.6 cm^{-1}だけR＝t－Buの時より伸縮振動の波数が増え、R＝CH_3の時には2.7 cm^{-1}だけ波数が増えることが明らかになった。そして、リン上に置換基$R_1R_2R_3$を導入した場合、一酸化炭素の伸縮振動の波数変化量は、それぞれの置換基の波数変化量

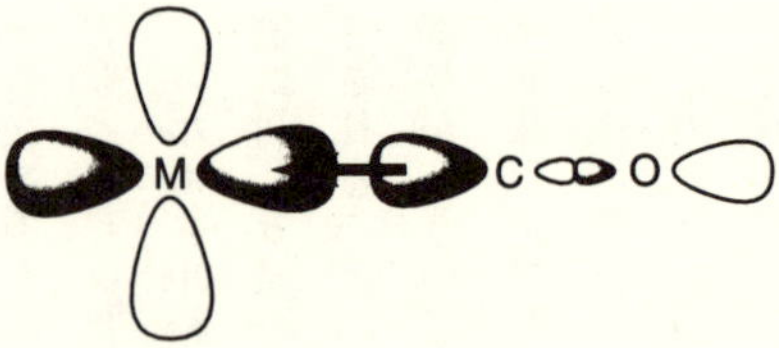

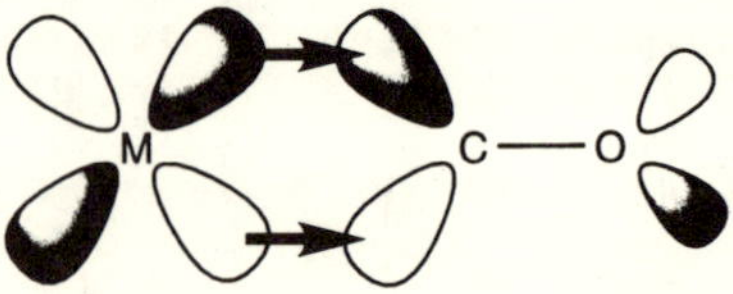

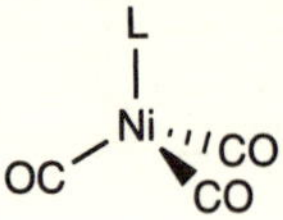

逆供与		$\nu CO/cm^{-1}$
	Free CO gas	2143
小	$Ni(CO)_4$	2060
↓	$Co(CO)_4^-$	1890
大	$Fe(CO)_4^{2-}$	1790

L	$\nu CO/cm^{-1}$
$P(t\text{-}Bu)_3$	2056.1
PMe_3	2064.1
PPh_3	2068.9
$P(OMe)_3$	2079.5
$P(OPh)_3$	2085.0
PF_3	2110.8

図 6.2 コバルト伸縮振動の金属による変化（右図：C. A. Tolman, J. Am. Chem. Soc., **92**, 2953（1970））

の和になり、ホスフィン配位子の相対的な電子供与性に対する置換基の効果には加成性が成立することが示された。このことで、さまざまなホスフィン配位子の電子的な特性について予測できるようになり、有機遷移金属錯体の反応性とホスフィン配位子の電子的性質の関係が定量的に取り扱えるようになった。

遷移金属カルボニル錯体を均一系触媒に用いる反応には、ヒドロホルミル化反応やカルボニル化反応などが知られているが、ここでは不均一系触媒の反応機構の解明に、有機遷移金属カルボニル錯体をモデルとした研究がなされた例として、水性ガスシフト反応を紹介する。

水素ガスシフト反応は一酸化炭素を用いて水を還元し水素を得る反応である。水素ガスは、この反応によって一酸化炭素と水から工業的に製造されている。

反応式　$CO + H_2O \rightarrow CO_2 + H_2$

水素の生産現場では不均一系の Fe/Cr 系や ZnO/Cu 系の触媒が用いられているが、鉄カルボニル錯体 $Fe(CO)_5$ がこの反応機構を理解するための均一系モデル触媒となった。この反応の鍵となるのは鉄に配位した一酸化炭素への水酸化物イオンの求核攻撃である。一酸化炭素が金属に配位したことで、配位炭素上の電子密度が低下し、求核試薬の攻撃を受け入れやすくなる。この原理は、多くの有機遷移金属錯体触媒に共通して応用されている。求核攻撃により生成したヒドロキシカルボニル錯体が脱炭酸してヒドリドカルボニル錯体を生じ、さらにヒドリド配位子とプロトンとの反応で水素分子が生じる。触媒サイクル全体では、一酸化炭素一分子と水一分子から、水素一分子が生成し、同時に一分子の二酸化炭素が副生し、排出される。

金属カルボニル錯体が触媒として作用する時、まず一酸化炭素配位子が解離して配位不飽和な錯体を生じることがしばしばある。この解離反応は、熱あるいは光によって進行するが、一般に光反応の方が温和な条件で進むことが知られている。しかし、複数配位しているすべての一酸化炭素配位子を金属から解離させることは困難である。一酸化炭素配位子に代わって導入される配位子は一般に一酸化炭素よりも弱い π-受容体であり、そのため、金属上に残っている一酸化炭素配位子へ

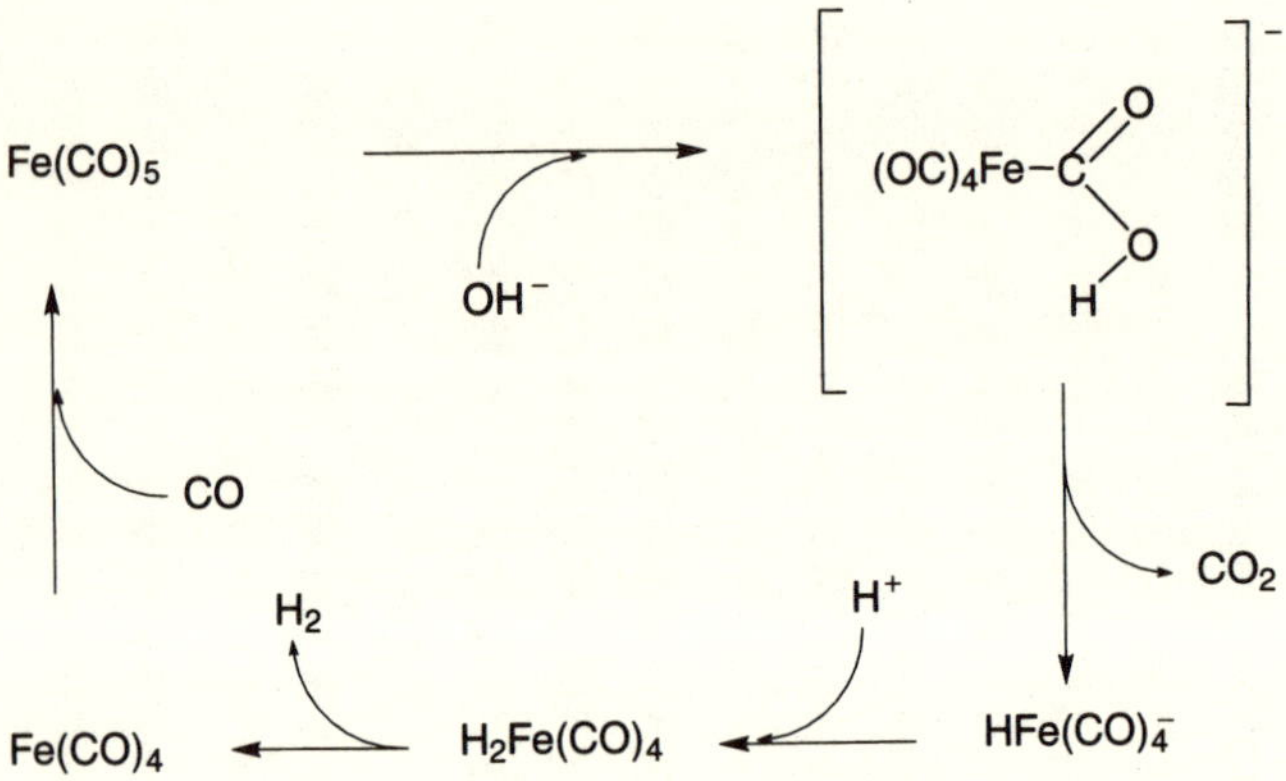

図 6.3 鉄カルボニル触媒による水素製造反応のメカニズム

の逆供与は一酸化炭素配位子が失われるにつれてより強くなるからである。

生体内での酸素輸送を行うヘモグロビン分子中には、鉄イオンを含む錯体ヘム鉄が含まれている。この鉄イオンに酸素分子が可逆的に配位あるいは解離することで、酸素分子を肺から全身へ送り届けている。一酸化炭素はヘモグロビンの鉄イオンとも非常に強く結合し、ほとんど解離しないので、一酸化炭素を吸収したヘモグロビンは生体内での酸素輸送に使えなくなってしまう。それゆえ、金属カルボニル錯体は毒性が強い。とりわけ揮発性がある $Ni(CO)_4$ は非常に強い発ガン性を持っている。

第三節　不思議な窒素錯体

厳密には有機金属錯体とはいえないが、比較的不活性な窒素分子N_2が遷移金属に配位した窒素錯体が知られている。最初の窒素錯体は、$RuCl_3$とヒドラジンから一九六五年に合成された$[Ru(NH_3)_5(N_2)]^{2+}$である。N_2はCOと等電子的であり、一方の窒素原子を介してCOと同様に末端配位子として結合する場合が多い。しかし、両方の窒素原子を介して一つの金属中心に配位したり、二つ以上の金属中心を架橋したN_2配位子の例も知られている。

窒素錯体とカルボニル錯体の性質の比較は非常に興味深い。N_2にはCOのような極性はなく、配位子のσ-供与性とπ-受容性のいずれも非常に弱い。そのため、多くの窒素錯体では窒素が脱離しやすい。これまでに知られている窒素錯体のほとんどが低原子価すなわちd電子が多い金属中心を有しており、弱いながらも金属からの逆供与が窒素錯体の安定化に重要であることを示している。実際、X線構造解析では、金属に末端で配位した窒素のN-N結合の長さは気体のN_2の場合とほとんど変わらないことが多いが、赤外吸収スペクトルでは、N-Nの伸縮振動が250~350 cm^{-1}低波数側にシフトしていることが観測される。このような低原子価の金属の窒素錯体は、窒素ガス雰囲気下で中心金属を還元することで合成されている。

根粒細菌などが空気中の窒素をアンモニアに還元できることが知られている。このような細菌に

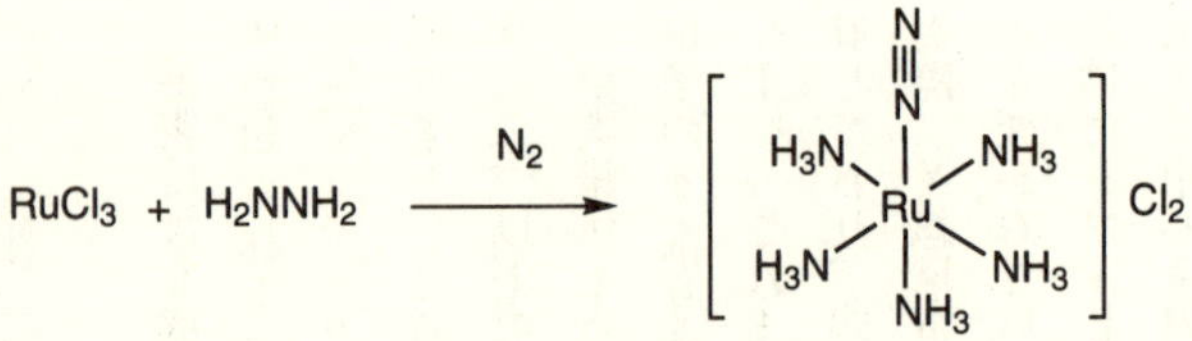

図 6.4 ルテニウムの二窒素（N_2）アンミン錯体の生成

よって世界中で毎年一〜二億トンの窒素が生物的に固定されている。これは、ハーバー・ボッシュ法による工業的なアンモニア生産のおよそ倍の量である。窒素分子の結合エネルギーが非常に大きいこと（九四五・四キロジュール／モル）を考えると、ハーバー・ボッシュ法のような高温、高圧の反応条件を用いずに、常温、常圧でこれを実現することは非常に難しいことである。この作用をする細菌中の酵素ニトロゲナーゼは、電子伝達系にかかわるFe/Sクラスターを含むタンパク質と、窒素の水素化にかかわるMo/Feクラスターを含むタンパク質からなることがわかっている。特に後者のモリブデン錯体は、生物が第二周期遷移金属を利用する唯一の例である。したがって、六族および八族元素と硫黄などのニトロゲナーゼ関連元素を含む窒素錯体については、空中窒素固定の仕組みを推定する上でのモデル錯体として、それらを用いる人工的な窒素固定に多くの関心が持たれている。

$Mo(N_2)_2(dppe)_2$のような低原子価の窒素錯体における末端N_2配位子の、配位していない方の窒素原子は部分的に負電荷を帯びている。これは、図のような共鳴構造によって理解され、求電子試薬（プロトンなど）に対して、配位していない方の窒素が反応する性質が説明できる。これらの錯体はプロトン化することで、窒素分子が部分的にアンモニアに還元されて分解する。

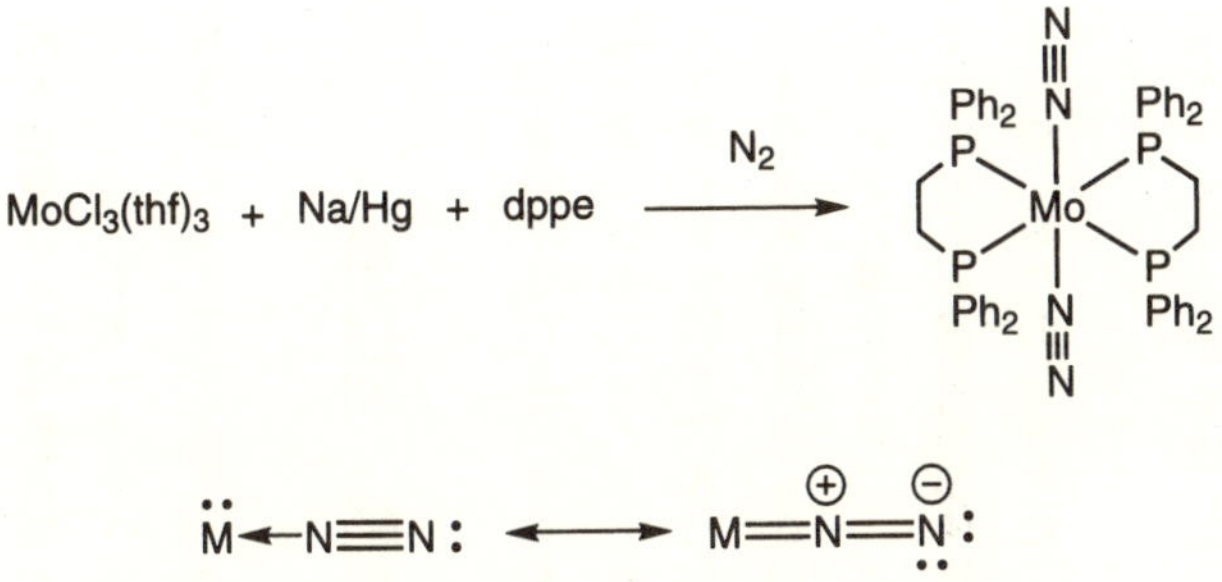

図 6.5　二窒素（N_2）とモリブデン（Mo）との錯体形成

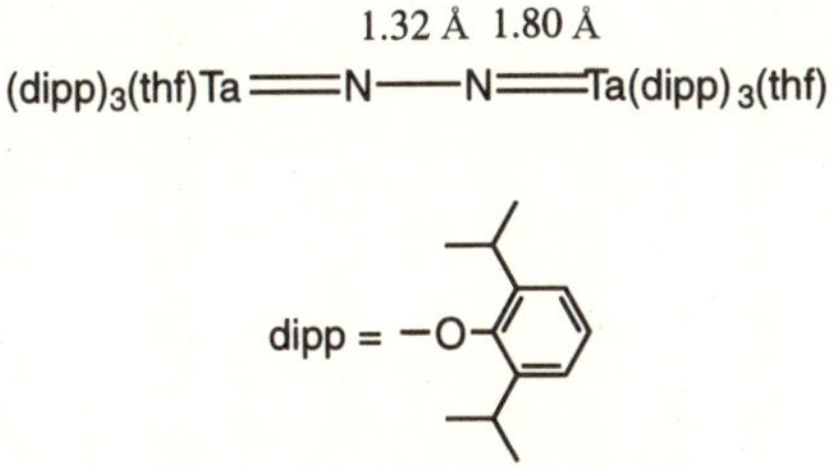

図 6.6　中心金属が最高酸化状態を持つ、N_2^{4-}のアニオンの錯体（R. R. Schrock, M. Wesolek, A. H. Liu, K. C. Wallace, J. C. Dewan, Inorg. Chem., **27**, 2050（1988））

また末端の窒素原子は有機求電子試薬とも反応し、さまざまな形で窒素原子上に有機官能基を導入できる。

これまでに述べたこととは対照的に、いくつかの架橋窒素錯体では、中心金属が可能なもっとも高い酸化状態を持つ場合があり、これらはN_2^{4-}の四価のアニオンの錯体とみなすことができる。N_2^{4-}の配位子は、ヒドラジンN_2H_4の四つの水素がプロトンとして解離したと考えることができる。したがって、このような錯体では、N-N結合が単結合になっていると考えられ、窒素原子間の長さが極端に伸びている一方で、金属と窒素の間の結合距離は、二重結合性を持ち金属と窒素の結合にしては短くなっている。このような錯体には図6・6に示すタンタルの錯体などの例がある。通常は不安定なN_2^{4-}のようなイオンや分子が、配位子となることで安定化することは、金属錯体にしばしばみられる特徴である。

第四節　納得する酸化的付加反応

水素分子H_2の配位不飽和な金属中心への付加反応は、八、九、十族の第二および第三周期遷移金属元素では特によく見られる反応であり、ヴァスカによりイリジウム錯体で最初に発見された。このとき金属の形式的な酸化状態が二つ増加するので（イリジウム錯体の場合、水素はイリジウムより電気陰性度が大きいので、イリジウムの酸化状態は＋Ⅰから＋Ⅲに変化する）、イリジウムが形式的に酸化されたことになる。このイリジウム錯体に水素分子が付加する反応は、酸化的付加と呼ばれる有機金属錯体化学の分野で重要な基礎反応の例の一つである。水素分子のほか、多くの化合物が酸化的付加を起こす。塩化水素、塩素そのほかのハロゲン化合物、カルボン酸、ヒドロシラン、さらにアルキル、アリル、ベンジルなどのハロゲン化物などである。二重結合A＝Bは、通常単結合A-Bを残したまま金属に付加する。たとえばアルデヒド、ケトン、アルケン、アルキンあるいは酸素分子などで、特に電子吸引性の置換基を有するものは酸化的付加といえる反応を起

Vaska Complex

図 6.7　ヴァスカ錯体

こしやすい。酸化的付加反応は、遷移金属錯体を触媒に用いる反応において、これらの化合物分子を活性化する段階でひんぱんにみられ、分子A-Bの結合が切れて新たにM-AとM-Bの二つの結合が生成する。

酸化的付加は、遷移金属錯体が配位不飽和である時、速やかに進行することが多い。たとえば、d^8やd^{12}金属のRh^+, Ir^+, Ni^0, Pd^0, Pt^{2+}, Pt^0などのイオンを中心とする平面四辺形型一六電子錯体が酸化的付加によって一八電子の八面体型錯体を生成することがよくある。また、酸化的付加を受けて二つ増加した酸化状態が、エネルギー的に安定である場合にもよくみられる。たとえば、Ni^0の錯体からNi^{2+}錯体を生じる場合やPt^{2+}錯体からPt^{4+}錯体を生じる場合は酸化的付加が可能だが、Ni^{2+}錯体からNi^{4+}錯体を生じるような酸化的付加反応は、Ni^{4+}化合物が一般に不安定であるので事実上不可能である。

酸化的付加反応の重要な点の一つは、この反応の立体化学である。新たに金属に結合した配位子AとBは、お互いにシスの位置に結合する。このことは、後述する酸化的付加の逆反応である還元的脱離において、錯体からのA-Bの脱離が、配位子AとBがシス位置にある時にしか進行しないことと対応している。酸化的付加反応を検討する際に考慮しておかなければならないことは、酸化的付加のあとに生成した錯体において、必ずしも付加した二つの配位子がシ

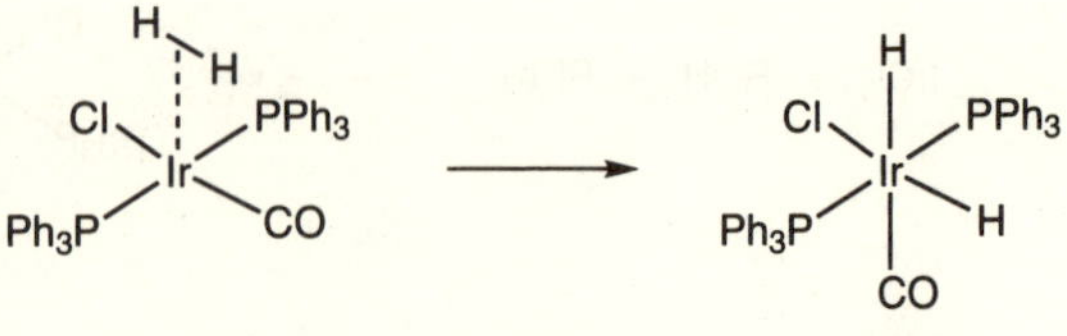

図 6.8　酸化的付加反応の例

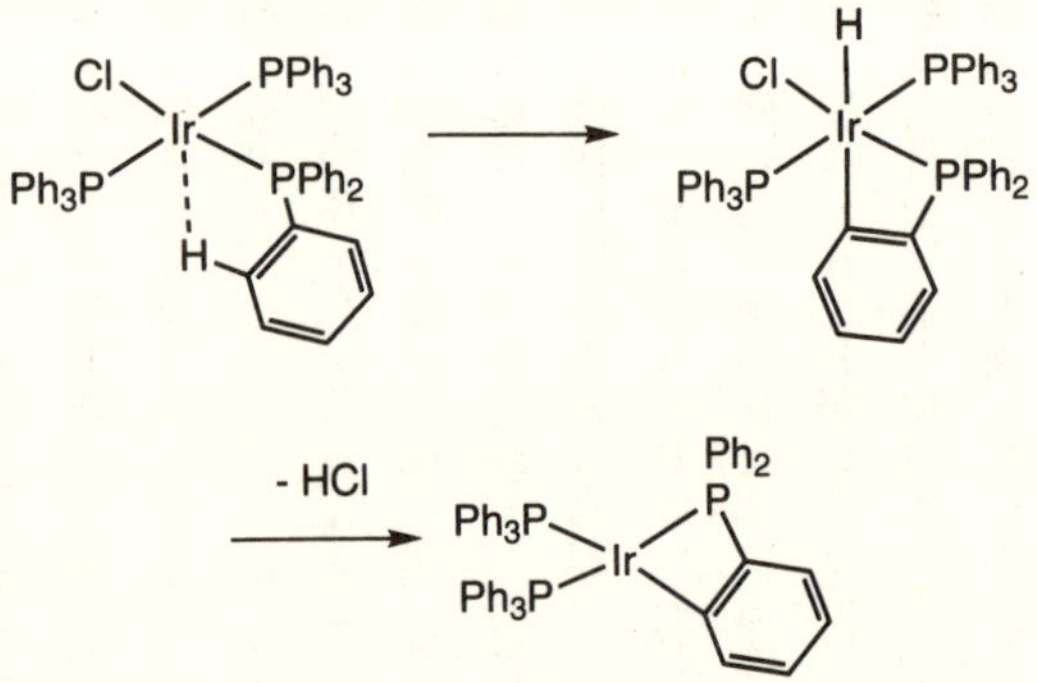

図 6.9　オルトメタレーション。金属-炭素結合の生成。

ス位置に結合した構造が確認されるとは限らない点である。実際、ルテニウム錯体に分子A-Bが酸化的付加したのち、速やかに異性化が進行するため、配位子AとBの両者がトランス位置にある錯体しか単離できない例もある。

最近の酸化的付加反応の応用の興味深い例としては、遷移金属へのC-H結合の酸化的付加による炭化水素の活性化が挙げられる。この種の反応はNやPなどの配位ドナー原子に直接結合した芳香環と、低原子価の酸化的付加を受けやすい金属の組み合わさった錯体においてしばしばみられている。芳香環上のオルト位C-H結合の切断と芳香環オルト位置炭素への遷移金属の結合生成（オルトメタレーション）を経るさまざまな有機合成反応が知られており、触媒反応として実現した例もある。また、通常の有機合成手法では困難な、飽和炭化水素のC-H結合の活性化と官能基導入も遷移金属錯体により実現されている。

第五節　分子状水素錯体

前節で水素分子H_2が低原子価の遷移金属錯体に酸化的付加してH-H結合が切断され、新たに二つのM-H結合が生成して古典的なヒドリド錯体が生成することを紹介した。しかし、必ずしもすべての場合でこのように酸化的付加反応が進むわけではない。H-H結合の切断が起こらずに、水素分子が金属に結合した非古典的な水素錯体が生じることもある。一九八四年のクーバスによる最初の報告ののち、このような分子状水素錯体がさほど希ではないことが明らかになってきた。

分子状水素錯体の中には、古典的なM-H結合と非古典的な$M-H_2$を同時に持つ錯体があることもわかった。$[Ir(H)_2(H_2)(PCy_3)_2]^+$はその例である。M-Hと$M-H_2$はNMRによる緩和時間$T_1$の測定で区別することができる。$M-H_2$の水素核はM-Hの水素核よりも非常に速く緩和する。この方法は、大体$T_1<80$ msは分子状水素の配位を示し、$T_1>150$ msは古典的M-Hを示す。

分子状水素錯体は、遷移金属錯体と水素分子から直接合成することも可能であるが、水素分子との直接の反応は多くの場合完全に酸化的付加が進んだ古典的ヒドリド錯体が生成する。そこで、むしろ古典的ヒドリド錯体にプロトンを付加させて合成する例が多い。これは、アニオン性を持つヒドリド配位子とプロトンが反応して水素分子が生成し、ただちに金属に捕捉されたものである。

第六節　アルキル金属錯体

金属-炭素間のσ結合を生成することが有機金属化学の重要な要素であり、触媒への応用の中心的な課題である。遷移金属錯体触媒を用いることによってアルカン、アルケン、アルキンなどが生成したり、水素化されたり、重合あるいは官能基が導入されたりする時、アルキル基と金属の結合を持つアルキル金属錯体が中間に生成する。

典型金属アルキル化合物は、一八四八年にフランクランドが亜鉛とヨウ化エチルを反応させて EtZnI と $ZnEt_2$ を得た。アルキル亜鉛化合物の合成ののち、すぐにアルミニウム、マグネシウム、水銀、ケイ素、スズ、鉛などの典型元素のアルキル化合物が単離された。これらの典型金属アルキル化合物が、求核試薬として有機合成に利用されていることは、すでに述べたとおりである。一方、最初の遷移金属アルキル錯体は一九〇七年にポープが $PtMe_3I$ の合成を報告した。その後五〇年以上あとになって、この化合物の構造は、八面体型配位構造を持つ Pt^{4+} の四量体であり、全体として立方体型（キュバン類似）の分子であることが明らかにされた。

今日では多くの遷移金属アルキル錯体が合成されており、多くの M-C 結合エンタルピーが決定されている。表6・1はいくつかの典型元素および遷移金属元素と炭素との結合解離エンタルピーを示している。

表からは、M–C結合エンタルピー（結合の強さ）は、典型元素では原子番号が大きくなるにつれて減少することがわかる。一方遷移金属元素では同族中で原子番号が大きくなると結合エンタルピーが増加している。また、遷移金属元素のM–C結合エンタルピーの値は典型元素のそれとあまり変わらないこともわかる。したがって、熱力学的には遷移金属アルキル錯体のM–C結合は典型

表 6.1　いくつかの典型元素および遷移金属元素と炭素との結合解離エンタルピー（単位：kJ・mol^{-1}）。298.15 K における値。

		$M(CH_3)_n$					
		B	374				
		Al	272	Si	317		
Zn	129	Ga	250	Ge	258	As	242
				Sn	226		
Hg	129			Pb	160		
		$M(C_6H_5)_n$					
Be	339	B	473				
Mg	249	Al		Si	356	P	325
Zn		Ga		Ge		As	261
				Sn	261		
Hg	164			Pb	209	Bi	195
		$M(C_6H_5)_2$					
				$V(C_6H_5)_2$	397		
				$Cr(C_6H_5)_2$	318		
				$Mn(C_6H_5)_2$	243		
				$Fe(C_6H_5)_2$	328		
				$Co(C_6H_5)_2$	300		
				$Ni(C_6H_5)_2$	278		
		$M(CO)_6$					
				$V(CO)_6$	118		
				$Cr(CO)_6$	107		
				$Fe(CO)_5$	118		
				$Ni(CO)_4$	146		
				$Mo(CO)_6$	151		
				$W(CO)_6$	179		

元素のそれと同程度に安定であると考えられるが、実際には多くの遷移金属アルキル錯体は不安定である。これは、遷移金属アルキル錯体の不安定性が、M–C結合が弱いという熱力学的な原因によるものよりも、むしろ錯体が容易に分解する経路が存在するという速度論的な要因によるものだからである。

単離が可能な遷移金属アルキル錯体は、電子供与性の配位子でアルキル配位子以外の配位座を占めてしまい、分解する際に必要な空いた配位座を生じないようにすること、また、アルキル錯体の主要な分解経路であるβ-水素脱離が生じないように、β-位置水素がないアルキル配位子を用いたり、立体的に嵩高い配位子を用いてアルキル配位子のβ-位置水素が金属中心に接近できないようにすることで合成されている。

β-水素脱離

チタンのような前周期の遷移金属原子には空の3d軌道があり、アルキル配位子のC–H結合と相互作用できる。相互作用が生じるためには、金属原子の近くの適切な位置にC–H結合が近づく必要がある。アルキル配位子の金属から二つ目の炭素（β-位置）のC–H結合がちょうどその位置にあたり、β-炭素上の水素原子が金属に取り込まれることで錯体が分解するこの経路はβ-水素脱離といわれている。

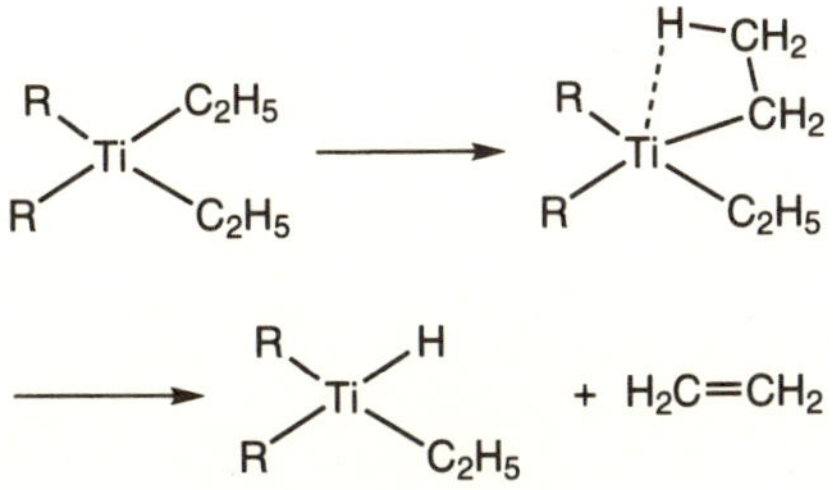

図 6.10　β-水素脱離反応

還元的脱離

金属中心の酸化状態が二つ減少し、金属に結合した二つの配位子AとBが新たな分子A-Bになって脱離すること、つまり酸化的付加の逆反応を還元的脱離と呼ぶ。この反応は協奏的であり、脱離する二つの配位子がシス位置に結合しているときだけ進行する。つまり、平面四辺形型や正八面体型のジアルキル錯体において、二つのアルキル基がトランス位置にある方がシス位置にあるよりも還元的脱離反応に対し安定であるといえる。

この章を執筆するにあたっては以下の図書を参考にした。より詳しく知りたい方はこれらの参考書にあたっていただきたい。

山本明夫、化学選書、有機金属化学—基礎と応用—、裳華房（一九八二）
山崎博史、若槻康雄、新化学ライブラリー、有機金属の化学、大日本図書（一九八九）
Manfred Bochmann, Organometallics 1 & 2, Oxford Chemistry Primers 12 and 13, Oxford University Press（1994）

第七章　医・薬方面における錯体化学

ほとんどの医薬品は有機化合物（およびその混合物）であるため、世間一般には錯体化学と薬学はまったく独立した分野で、相互に関係するところはほとんどないと思われているらしい。実際に診断や治療のために用いられている錯化合物の例は非常に多いし、また体内における錯形成の結果、はじめて効力を発揮できる例も、あとで触れるブレオマイシンなどのように少なからず存在している。また、余分に取り込まれた有害元素を錯形成の利用によって迅速に体外に排出させるためにも、ずいぶんいろいろなものが利用されている。

第一章で触れた、インシュリンと亜鉛との関係を最初に発見したベストの報告は一九三四年になされたものであるが、この時代ではまだ亜鉛イオンの体内における存在状態の解明（キャラクタリゼーション）など望むべくもなかった。やはり微量分析法の進歩と、さまざまな物理化学的手法の進展を待たざるを得なかったのである。

また一方では、以前ならば工業現場でもめったに接触することもなかったいろいろな元素の有害な作用や、その解毒なども薬学上で重要な研究対象となってきたし、体内において、必要とされる箇所へ求められる金属イオンを効率的に運ぶための配位子の探求・開発も熱心に行われるようになった。このあたりはどうしても医学者よりも薬学者の方が熱心に探求を重ねてきたようで、そのために偶然のことから薬効が認められた例も少なくない。やはり平素からそれなりの探求意欲を貯えていなくては、昨今とみに話題になる「セレンディピティ（serendipity）」の卓抜性をも発揮できない。

現在いろいろとその効果が取り沙汰されている薬剤の中には、当初の治療用に試みられた対象とはまったく別の症状の治癒に対してははるかに有効であることが判明して、もともと何のために開発されたかがまったく意識されなくなってしまったものも少なくない。新しいところではミノキシジルやバイアグラ、いささか以前に発見されたクロロチアジド（クロロサイアザイド）などがこの例である。これらについてはジュリアス・コムロウ著、諏訪邦夫訳「医学を変えた発見物語（正・続）」（中外医学社）などを参照されるとよいだろう。

パラケルススやノストラダムスが今日でもルネサンス時代を代表する名医としてよく引用されるが、これは彼らが当時（十五世紀から十六世紀）の通常の医師たちが用いようとしなかった無機質の毒性の強い物質を巧みに用いて、ヨーロッパを席巻した悪疫のペストや梅毒の治療に成功したためである。もちろん今から何百年もの昔、名医の匙加減によらなくては、治療もほとんど成功しなかったのだが、彼らが今日まで名声を博していることからも、この『匙加減』が実に巧みであったことがわかる。結果的には体内における有効な薬物濃度の調節を行っていたことにあたる。今日風に錯体に関していえば「錯形成の具合を加減できた」ことになろう。

第一節　生体内の金属イオン

生体内における元素の分類

生体内における元素類は、大きく三種類に分類できる。

① 主成分元素（炭素、水素、窒素、酸素、硫黄、カルシウム、リンなど、タンパク質や脂質、糖質、骨格などの構成元素）

② 電解質元素（ナトリウム、カリウム、カルシウム、マグネシウム、塩素（塩化物イオン）、硫酸イオン、炭酸イオン、そのほか）

③ 微量元素（鉄、モリブデン、コバルト、フッ素、ヨウ素、クロム、銅、亜鉛、そのほか）

これらの中には、存在状態によっていくつもの分類に含まれるものもある。たとえば鉄などは、肝臓や血液（赤血球）中では主成分元素に分類されてもしかるべきなのだが、他の場合には微量元素として扱った方が至当だろうとされている。カルシウムなどは骨格中の場合と血液中の場合それぞれに機能が異なるし、時には微量元素として扱うべき場合もある。

このうち、第一番目に位するものが生化学の当初からの研究対象であったため、ほかのものがいささかなおざりにされ、いささかならず霞んでしまったままにされてきた歴史がある。現在でも、第三番目のグループに属する元素の中には、ほんとうに生体の生命活動の維持に不可欠（必須元素という）なのかどうか判然としないものもあるし、特に雑食性の権化ともいわれるヒトについてはわからないことが多い。ただ、微量の元素の定量やキャラクタリゼーションの手法が進展してくるにつれて、半世紀ほど以前に比べるとかなりいろいろな事柄もわかってきたし、偶然のことから発見された生理活性を解明するには、錯体化学的なアプローチはきわめて重要性が高くなっている。

表 7.1　人体の成分表。体重 70 kg のヒトに含まれる諸元素の量。単位：mg（J.Emsley, The Elements. 3 rd ed., Oxford Univ. Press（1998）および山崎昶編、化学データブック（1）無機・分析編、朝倉書店（2003）をもとに作成）

8	O	43 000 000	38	Sr	320	3	Li	7
6	C	16 000 000	35	Br	260	33	As	7
1	H	7 000 000	82	Pb	120	55	Cs	ca. 6
7	N	1 800 000	29	Cu	72	80	Hg	6
20	Ca	1 000 000	13	Al	60	32	Ge	5
15	P	780 000	48	Cd	50	42	Mo	5
16	S	140 000	58	Ce	40	27	Co	3
19	K	140 000	56	Ba	22	47	Ag	2
11	Na	100 000	22	Ti	20	51	Sb	2
17	Cl	95 000	50	Sn	20	41	Nb	1.5
12	Mg	19 000	53	I	12–20	40	Zr	1
26	Fe	4 200	5	B	18	57	La	ca. 0.8
9	F	2 600	28	Ni	15	31	Ga	<0.7
30	Zn	2 300	34	Se	15	52	Te	ca. 0.7
14	Si	ca. 1 000	24	Cr	14	39	Y	0.6
37	Rb	680	25	Mn	12	81	Tl	0.5

電解質イオンに属する諸イオンは、通常の生体内に存在する有機化合物とはあまり安定な錯体をつくらないとされているのだが、細胞の表面にある「イオンチャネル」においてはきわめて重要な役割を担っている。通常の細胞外液のナトリウムイオンの濃度は一四〇ミリモル／リットル、カリウムイオンの濃度は四ミリモル／リットルであるが、細胞内液においてはナトリウムイオンの濃度は一〇ミリモル／リットル、カリウムイオンの濃度は一四〇ミリモル／リットルとなっている。この違いによって、細胞膜表面に

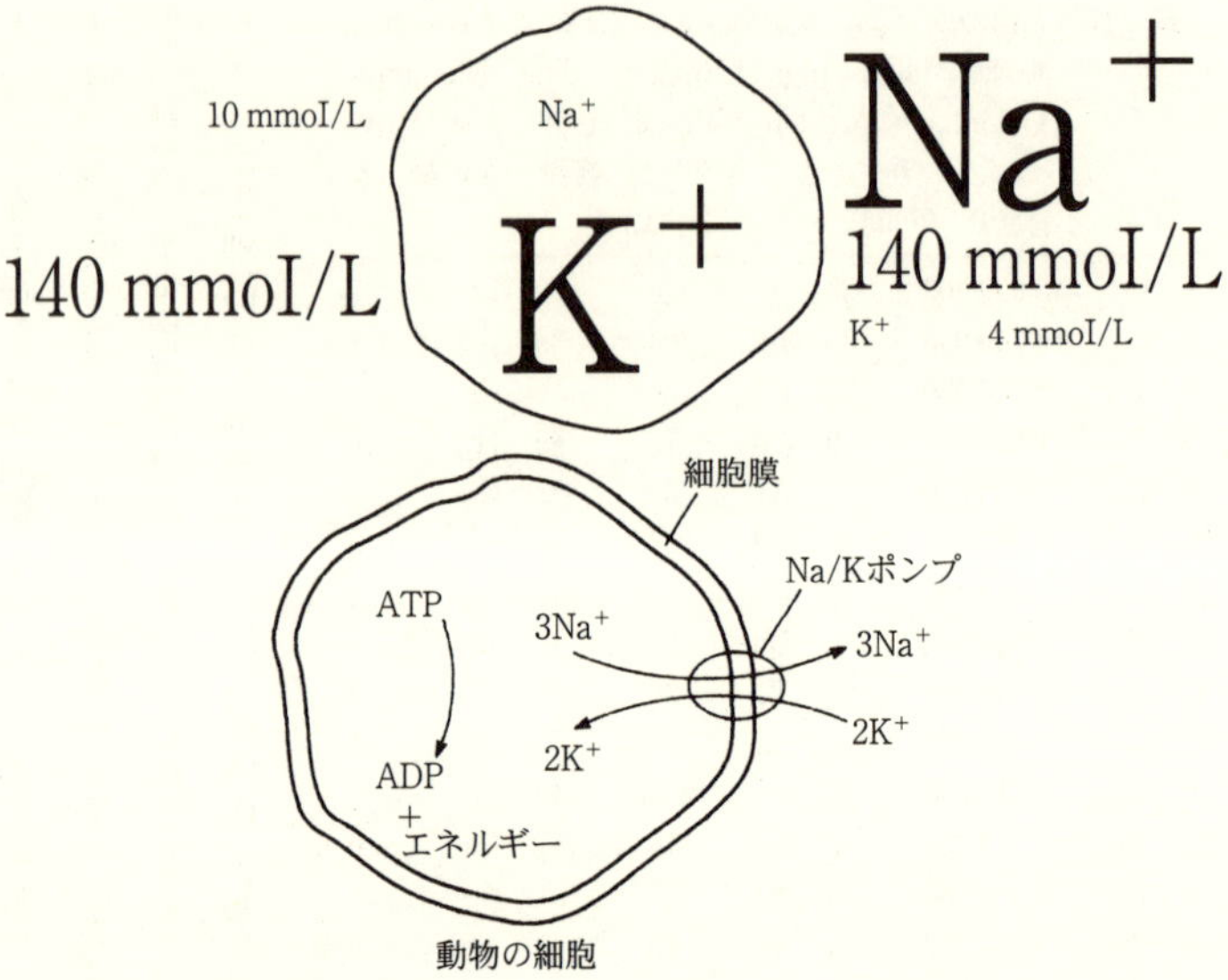

図 7.1 細胞内液と外液のナトリウムとカリウムイオンの濃度（G. I. Sackheim, An Introduction to Chemistry for Biology Student, 7 th ed., Addison-Wesley (2002)をもとに作成）

は電位差が生じ、そのため生体の諸機能が巧みに調節されている。このイオンチャネルの入り口にはクラウンエーテル類似の環状構造があり、これとの配位結合形成によって特定のイオンを認識し、細胞内部へと注入したり、逆に排出したりするメカニズムがあると考えられている。

フグの毒素であるテトロドトキシンは、低濃度でもこのイオンチャネルの機能を阻害してしまうので、致死的な作用を示すのである。

この表7・1にある元素のうち、コバルトより多量に存在しているものは、何らかの生理作用を持っているものと考えられてはいるのだが、ルビジウムやストロンチウムなどのように、たとえ生理作用があるとしても重要性はそれほど大きくはないと考えられているものもある。これらはそれぞれカリウムやカルシウムとともに生体内に取り込まれた（つまり、代謝組織がこれらのイオンを誤認しているのである）結果である。つまり、食品中の含量がもともと皆無ではないために、生体が摂取しているだけで、これらの金属イオンの特性が利用されているわけではないだろうというのである。

「毒変じて薬となる」というのは、東洋においては何千年も前からの常識であったらしいが、西欧では『毒は毒、薬は薬』という概念からなかなかぬけられなかったらしい。現代のわが国の多くの人々は、毒物でもコントロールして投薬すれば卓効を示すということが理解できない。量や濃度の問題が大事なのだが、これらを化学の基礎のない人に説明するのは少なからず大変なのである（その一方で、皺とりのためにボツリヌス菌の毒成分であるボツリヌストキシンの注射を受ける人もいる）。

カルシウム

女性は、加齢に伴って骨格中のカルシウムが次第に失われる傾向がある。これには女性ホルモンが大きく関係している。また、妊娠すると、胎児の生育にカルシウムを補給しなくてはならないから、文字どおり「わが子のために骨身を削って」カルシウム分を供給しているのである。

加齢とともに骨の新陳代謝、つまり、古くなった骨の一部を破壊（骨吸収）して、新しい骨につ

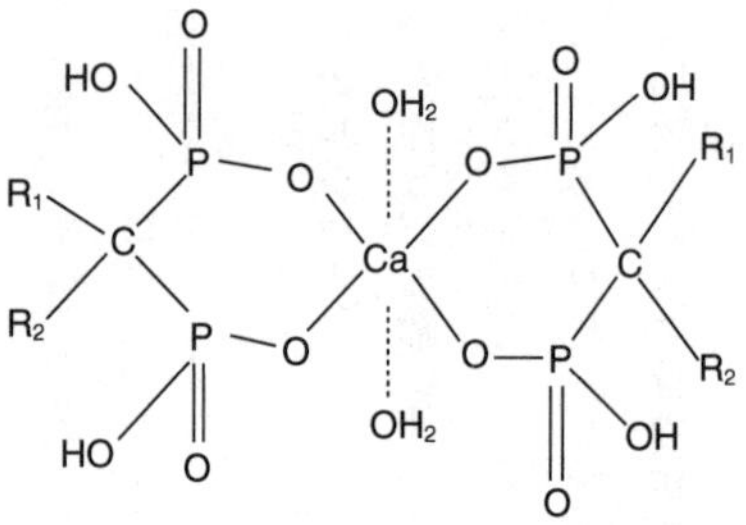

図 7.2　メチレンビス（ジホスホネート）カルシウム錯体

くり変える（骨形成）という骨代謝のバランスが崩れ、その結果、骨（硬いところの主成分はリン酸カルシウムである）の中のカルシウムがどんどん減少して、スカスカとなる。これが「骨粗鬆《しょう》症」で、骨折しやすくなったり、背骨が曲がったりする。

このような症状に苦しむ人のための治療の一つとして破骨細胞による骨吸収を抑制して、骨量の減少を抑制するという方法がある。そのためにいろいろな化合物が使用されてきたが、既にジホスホネート（またはビスホスホネート。二つのリン酸を炭素を介して人工的に合成した化合物）系の薬剤が治療に用いられている。この系統の薬剤は、カルシウムと錯体を形成するので、高カルシウム食やカルシウムなどの金属を含むサプリメントや制酸剤を薬剤とともに摂取しないことが必要である。

この配位子は、骨のシンチグラムによる骨疾患の診断薬としてのテクネチウム-99 m の配位子として用いられる。

ヘム

赤血球中にはヘモグロビンという酸素運搬タンパク質があるが、これはグロビンと呼ばれるペプチド一つとヘムが結合したもの四つからなる（分子量六万四〇〇〇）。ヘムは二価の鉄とポルフィリンの錯体である。このほかにもヘムを含むタンパク質はいろいろあるが、重要なものとしては筋肉に含まれるミオグロビンや、呼吸酵素のチトクロームなどがあげられる。動物の赤い筋肉はミオグロビンの色である。ミオグロビンは、X線解析で三次元構造が明らかになった最初のタンパク質として有名である。マッコウクジラのミオグロビンを結晶化して解析したケンドリューとベルツは

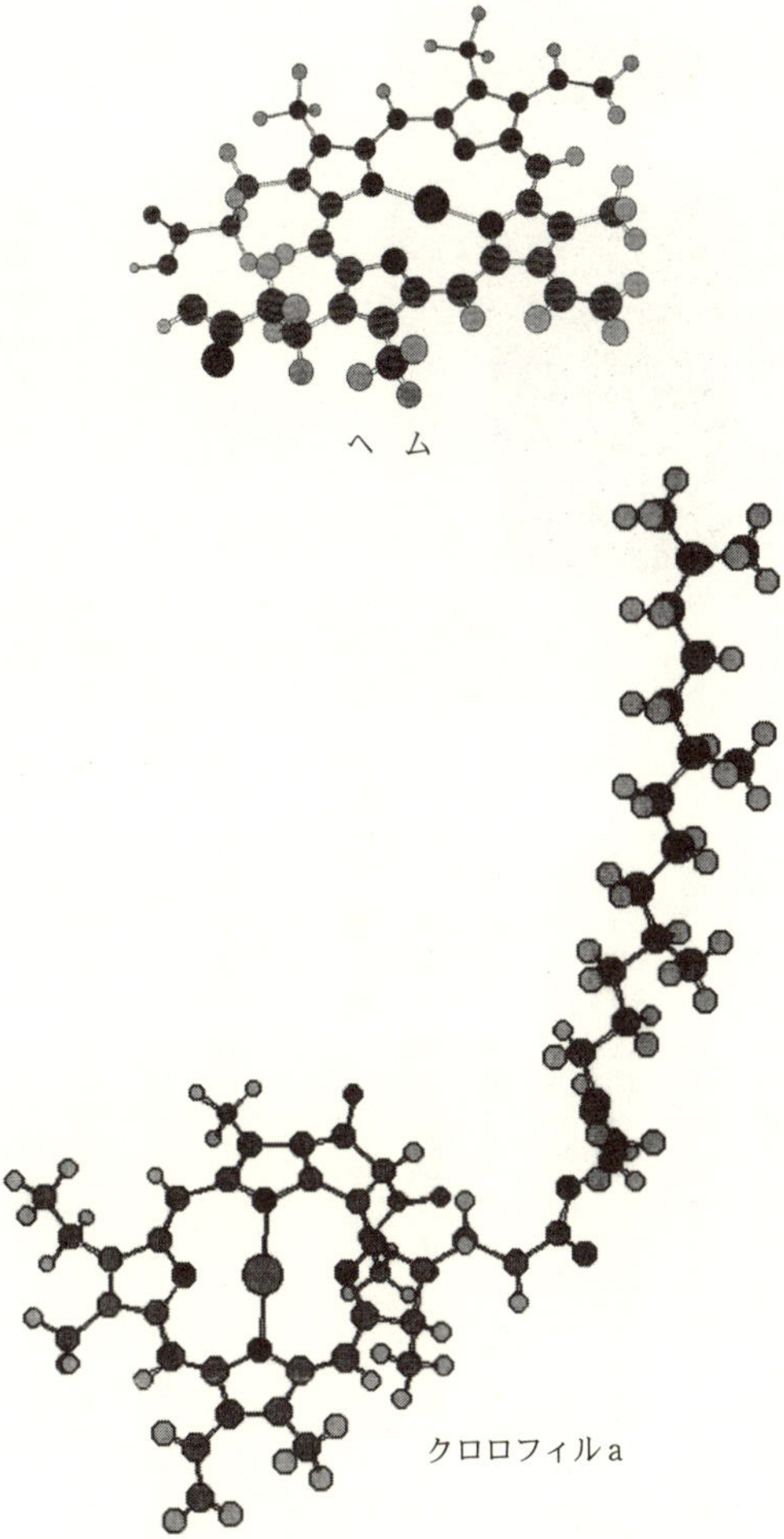

図 7.3　葉緑素（クロロフィル）とヘムの構造。よく似ていることがすぐわかる。（本間善夫、川端潤、パソコンで見る動く分子事典、講談社（1999）をもとに作成）

ノーベル化学賞を受賞している（一九六二年）。

葉緑素（クロロフィル）とヘムとはきわめてよく似た構造を持っていることは構造式を見れば一目瞭然であろう。ただし、クロロフィルはマグネシウムと配位している。太古代の生命体は、限られた分子材料を巧みに使い回していたことの証明かも知れない。

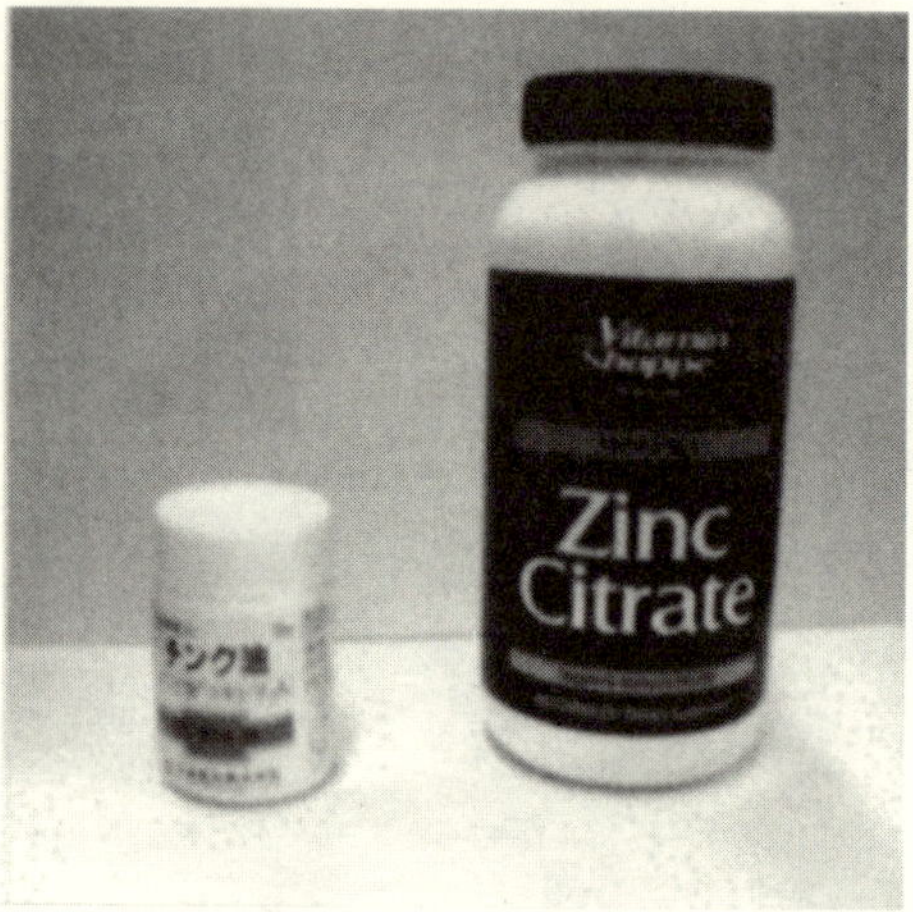

図 7.4　チンク油と亜鉛のサプリメント

亜　鉛

亜鉛は哺乳動物の正常な成長および発育に必須である。人体には一・四～二・三グラムある。生体中ではpH調節機能に使われる。体内には約一八種の亜鉛酵素があり非常に大切な金属元素である。必要量の数倍量を摂取しても害にはならない。最近の日本人は亜鉛の摂取量がやや少ないともいわれている。チンク油は酸化亜鉛末に植物油を適量加えたものである。酸化亜鉛の収斂性、乾燥性を利用するもので、皮膚炎症の消毒薬として火傷、湿疹などに用いる。亜鉛のサプリメントとしてクエン酸亜鉛が市販されている。

糖尿病治療薬として、インシュリンと塩化亜鉛を含むインシュリン亜鉛製剤が使用されている。インシュリンは第一章で述べたような、亜鉛とともに大きな錯体を形成した状態のままではなく、一分子となってインシュリン受容体に作用する。これを利用して、亜鉛を混合して作用を持続性としたものと考えられる。さらに持続時間を長くした製剤にはプロタミンインシュリン亜鉛がある。プロタミンは精子の核にある強塩基性ＤＮＡ結合タンパク質であり、この強塩基性のため皮下投与後pH七・四程度の体液中で結晶化して吸収が遅くなり、持続時間が長くなっているらしい。ちなみに通常の細胞の核にあるのはヒストンという強塩基性ＤＮＡ結合タンパク質である。

インシュリンはその発見でノーベル生理学賞がバンディングとマクラウド（一九二三年）に、アミノ酸配列の決定でノーベル化学賞がサンガー（一九六八年）に、そして、立体構造の決定でノーベル化学賞がホジキン（一九六四年）に与えられている。

銅　剤

その昔から緑青（塩基性炭酸銅）は有毒であると思われていた。だがこれは明治時代に京都であった食中毒事件の際に、誤った報道がなされたためであるという。厚生省（当時）が国の研究として緑青の毒性を動物実験で調べ、昭和五十九年八月にほとんど害がないことを公表している。以前多かったネコイラズ服毒などの場合、応急処置として硫酸銅水溶液を内服させせて、毒物の黄リンをリン化銅に変えて無毒化し、排泄させる手法があった。現在は利用されなくなった。

銅は生体に約一〇〇ミリグラム程度含まれていて、筋肉、骨、肝臓などに多く、そのほか、髪の毛や血液などに存在している。食品に含まれているため、通常の食生活で不足することはないようであるが、欠乏すると貧血、免疫低下、白髪や縮れ毛、心臓疾患などが発症する場合もあるらしい。また、ＬＤＬ-コレステロールのＬＤＬ部分が酸化されたものが動脈硬化の発症に関係しており、銅は試験管内でこの酸化を促進する。しかし、生体内で銅が動脈硬化を促進するかどうかは明らかになっていない。一方で、銅は活性酸素を除去する酵素ＳＯＤ（スーパーオキシドデスムターゼ）に含まれており、生体防御に重要な働きをしている。ＳＯＤが働くには、このほかにマンガン、セレン、亜鉛が必要とされている。

天然のクロロフィルに塩化第二銅を反応させてつくるのが銅クロロフィリンナトリウムで、天然のクロロフィルに比べて光や酸に安定なため食品の着色料として使われている。チューインガムなどの着色にも用いられているのだが、胃液中のペプシン活性抑制作用と肉芽増殖作用があり、胃潰瘍や十二指腸潰瘍、胃炎などの治療に用いられている。

銅タンパク質

軟体動物の烏賊（イカ）や節足動物の海老、蟹などの血液が青いことは比較的よく知られている。これら軟体動物や節足動物の血液中に存在する酸素運搬タンパク質は、銅を含む「ヘモシアニン」（別名を血青素、シアニンは青の意。酸素がつくと青くなる）である。節足動物で分子量約七万五〇〇〇（二分子の銅を含み、酸素一分子と結合する）のタンパク質分子が、六量体を形成し、さらにそれが会合して、六×二、六×四、六×六量体として血液中に存在する。生物種によって一次構造から四次構造までさまざまな違いがあり、会合したヘモシアニンの分子量は約四〇万から九〇〇万におよび、〇・二％ほどの銅を含んでいる。この中における銅イオンの存在状態はまだ完全に解明されているわけではないが、ヘモグロビンと違ってポルフィリン環を含まないので、タンパク質の構成単位であるアミノ酸の窒素や酸素が銅イオンに配位しているものと推定されている。銅原子二個について酸素分子一個を保持・運搬可能とされている。インターネットなどをみるとポルフィリン環を持つと誤解されている例が多いようである。

マグネシウム

葉緑素（クロロフィル）がマグネシウムイオンを中心に含む錯体であることは結構広く知られている。マグネシウムに配位している窒素を含む大環状の配位子は、ヘムのポルフィリン環と非常によく似ている。地球上での生命体の進化に際して、分子的な使い回しが行われたのであろうと推測されている。

だがこれ以外にもマグネシウムイオンが大きな役割を果たしているところは少なくない。たとえば、生物由来の蛍光性物質（ルシフェリンなど）の蛍光スペクトルを観測する場合、ほとんど例外なく「マグネシウム塩とそのほかの基質の存在下」で記録することになっている。これはＡＴＰ

（アデノシン三リン酸）中のリン酸基と錯体を形成することで、エネルギー授受を容易にさせる効果があるためである。また、そのほかのATPを利用する酵素反応でもマグネシウムを必要とする。ただ、実際の反応メディア中でどのような形の錯体が作用中心となっているのか、確実なところはまだよくわからない。また、なぜマグネシウムでなければならないのかも不明なのである。

コバルト

ビタミンB_{12}は、ポルフィリンに似た配位子の中心に三価のコバルトが位置し、これにメチル基が直接結合した珍しい形の錯体である（図6・1参照）。通常の場合、遷移金属に直接炭素が結合した有機金属化合物は空気中や水溶液中では不安定なのであるが、このビタミンB_{12}は安定で、大気中でも水溶液中でも分解することはない。このビタミンは赤い色をしている。

多くの動物にとっては、コバルト塩の要求量はきわめて小さい。これは腸管からの分泌と再吸収が効率的に起きているためである。ヒトの場合にはこれでは不足気味となるので、必須元素としてコバルトを摂取する必要がある。

モリブデン

マメ科の植物の根に付着している根瘤（根粒）中には、窒素固定作用を持っている細菌が生息している。この窒素（土壌中の窒素だが、大気から浸透していったもので、通常ならば反応不活性の

N_2分子である）を植物に利用可能な化学形に変化させるという、化学工業並の偉大な能力を持っている。

以前であれば、関西各地の水田には、冬季にレンゲソウを播種し、春先に開花した後、田の土にそのまま鋤き込んで「緑肥」として利用していたが、これはまさにこの窒素同化作用の利用であった。これこそ「有機農業」にほかならないのだが、「エンドウマメ党」のメンバーにも、このからくりまではなかなか理解してもらえないらしい。

この分子状の窒素を植物に利用可能な化学形に変える酵素には、鉄とモリブデンが含まれている。大多数の植物にとってモリブデンは必須元素であり、欠乏症状も認められているのだが、今の酵素の中では、鉄の方は硫黄を含むキュバン類似のクラスター構造をなしていることがわかってきたものの、モリブデンの存在状態はまだはっきりしない部分が大きいようである。

第二節　金属イオンと薬

金属イオンには薬になっているものもある。次にいくつか例をあげる。

リチウム

現在では、躁鬱症のコントロールに用いられているリチウム製剤（主として炭酸リチウムかその水溶液である）の効力が発見されたのは偶然のことからであった（これはシスプラチンの抗腫瘍効果と同様で、逆に考えると、化学のバックグラウンドの豊かな医師ならば、ノーベル賞級の大発見の可能性がまだ沢山残されているということでもある）。

実はこの場合に、リチウムイオンが体内でどのような作用機序（メカニズム）で症状を軽減しているのかは、現在でもまだ完全には判明していない。だが、体内に普通にあるナトリウムのイオンやカリウムのイオンと同じ電荷ではあるものの、はるかに小さいサイズのリチウムイオンを選択的に認識するサイトがあると考えられている。おそらくはサイズの小さい（ナトリウムやカリウムのイオンとは反応できない）クラウンエーテル類似の構造を持ったサイトがあり、これが重要な配位子となって錯形成を起こすことで、有益な効果をもたらすのであろう。

リチウムイオンはこのような特殊な錯形成の結果、好適な濃度の場合のみ卓効を示すと考えられるが、現在の生化学や医化学ではまだそれほど詳細なサイトやメカニズムの解明には至っていない。ナトリウムやカリウムのイオンチャネルの解明に対してノーベル賞が二〇〇三年に授けられたぐらいだから、このリチウムイオンのチャネル機構が将来解明されれば、やはりノーベル賞受賞も夢ではあるまい。

アルミニウム

通常の場合、三価以上の陽イオンは体内にはなかなか吸収されない。生体内のいろいろな体液の

pH条件においては、多価のイオンは多くは水酸化物のポリマータイプの化学種となって、容易には吸収できない化学形となっているからである。だが、一度体内に取り込まれてしまったアルミニウムイオンはなかなか排泄による除去が行われない（アミノ酸やタンパク質などの多座配位子に錯体の形で捉えられてしまうためである）から、どんどん集積する一途となる。だからもし、何らかの原因で血液中にアルミニウムイオンが取り込まれると、これは容易なことでは除去できない。

その昔、アメリカのコロラド州デンヴァーで、腎臓の機能不全のために人工透析を行うようになった患者の中に著しい痴呆状態を示すものが発見されて、「透析脳炎」とか「透析痴呆症（デンヴァー痴呆症）」などと命名されたのだが、この疾患で死亡した患者の脳細胞中にアルミニウムイオンが著しく濃縮していることが判明して大騒動となった。

実はこの時に使用された透析膜の性能があまりよくなかったために、外液に殺菌用に添加されていた明礬のアルミニウムイオンが血液中に混入し、これが脳に集積した結果であることがあとで判明した（現在のところ、人工腎臓に使われている透析膜の優れたものはわが国の産品だけであり、諸外国製のものは信頼度が格段に落ちるといわれている。そのため日本製品は世界的にも大きなシェアを持っている。水道の浄水用のフィルターなどもこの流用である）。

この痴呆症状はアルミニウム脳症と呼ばれ、アルミニウムがアルツハイマー病の原因ではないかと疑われたが、現在ではアルミニウムとの関係はほぼ否定されている。また、重篤な腎臓障害のない人が通常の生活をしている場合には、血液中のアルミニウムが高濃度になる状況はほとんどなく、したがって、アルミニウム脳症は発症しないといわれている。アルミニウム錯体である明礬は、ナスの漬物の鮮やかな発色に使われ、また、制汗剤として用いられる場合もある。アルミニウムを含む製剤は胃潰瘍や十二指腸潰瘍などの治療に用いられる。

金

金コロイドは古くから関節リウマチ（以下、リウマチと略）や肺結核の治療に用いられてきたが、現在は「金チオリンゴ酸ナトリウム注射液」（$C_4H_3AuNa_2O_4S$と$C_4H_4AuNaO_4S$の混合物）がリウマチの治療用に用いられている。

リウマチ（rheumatis, 以前はドイツ語風に「ロイマチス」と呼んだこともある）という疾患概念は、ギリシャ語のロイマ（rheuma, 流れ）を語源とし、脳から流れ出た有毒な体液が全身を流れて関節などにたまり、激しい痛みを生じる病気とされていた。このスペルからもわかるように「レオロジー（rheology）」と関連のある言葉である。リウマチの患者数はわが国全体で一〇〇万人ともいわれ、発症は三〇〜五〇歳の女性に多く、発症すると治癒が難しいため難病とされている。何らかの原因で免疫機構に乱れが生じて発症するとされているが、現在でも病因は明らかではなく、遺伝的素因の関与などもあるといわれている。リウマチの症状は関節症状が主で、関節症状は手足の関節の腫れ・痛みから始まり、徐々に左右対称に多関節に広がる。その後、軟骨や骨破壊が進行すると関節の変形が起こり、手指や足の特徴的な関節変形が生じ、また、皮下結節、肺病変

（肺線維症など）、心臓病変（心筋炎など）、眼疾患などの合併症がみられるようになる。

治療法としては、薬物療法、手術療法、リハビリテーションがあり、薬物療法は、炎症を抑え、痛みを緩和し、免疫異常を是正することを目的として行われる。非ステロイド系消炎鎮痛剤（NSAIDs）、抗リウマチ薬、副腎皮質ステロイド薬、免疫抑制剤などの薬剤を単独または数種類を組み合わせて用いている。金製剤は抗リウマチ薬に分類され、抗リウマチ薬はリウマチの免疫異常を調節してリウマチの炎症を抑える作用があるとされる。

金チオリンゴ酸ナトリウムについては、ラットの関節炎モデル動物（ラットアジュバント関節炎）に対する効果、活性酸素を産生する白血球であるマクロファージや好中球（多型核白血球）の貪食能抑制作用などが報告されているが、その作用機序は明らかではない。

この化合物はリンゴ酸の水酸基の酸素が硫黄に置換されてメルカプト基となったところに金イオンが配位結合した形であり、水溶性に優れていて（多くの金化合物は生体内諸条件ではたちまちに沈殿を生成するか、還元されて単体状態になってしまう）、炎症部位にまで効率的に運ばれるのであろう。

そのほか、延性および展性に富み、王水（硝酸：塩酸＝一：三からなる溶液）にのみ溶解するという反応性の低さから、歯科用の充塡剤などに用いられるが、こちらは金属としての性質の利用なので、錯体の面からはあまり重要ではない。

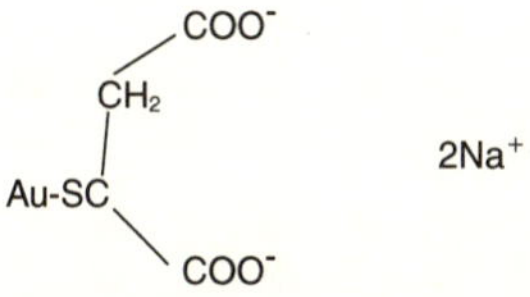

図 7.5 金チオリンゴ酸ナトリウム

銀

(1) 硝酸銀

二〇～五〇％硝酸銀溶液が局所腐食および変性の目的に用いられ、アフタ性口内炎に対する処置薬として硝酸銀が使用されていた。アフタとは、口腔粘膜にできる小さな円形または楕円形の、境界がはっきりした浅い潰瘍で、その周りを取り囲んで幅の狭い赤くなった部分があり、潰瘍面が白色から灰白色の付着物でおおわれているもののことである。醤油や柑橘類の汁液などがしみて、かなり痛い。口内炎の原因には、ウイルスのほか、歯で舌や口の中を噛んだりして粘膜を傷つけた場合、風邪薬や鎮痛剤などに対するアレルギー反応によるものもある。特に抗悪性腫瘍薬を使用した場合には発症しやすい。また、歯に詰めている金属によって口内炎になることもある。

また、この薬剤の局所腐食および変性作用はイボやホクロの除去のためにも以前は用いられていた。最近は症状をむしろ悪化させる例もあるらしく、あまり使用されなくなってきている。銀イオンがタンパク質を構成するアミノ酸のうちのＳＨ基を持つものと強固に結合（配位結合）し、そのためにタンパク質が変性することを利用したものである。

(2) 銀の抗菌作用

母体が淋病に感染している場合は、出生時に新生児の眼に感染すると失明することがあるので、組織を腐食、変性させないような低い濃度の硝酸銀液を予防的に点眼する。最近では抗生物質が用いられている。この作用もタンパク質のＳＨ基に銀が結合しタンパク質を変性させることによるが、ヒトの組織タンパク質ではなく、細菌のタンパク質を変性させて増殖を阻害することによる。

シリカ、アルミナ、ゼオライト、ガラスなどのセラミックス微粒子に銀イオンを担持させた抗菌剤が利用されている。これも銀イオンが細菌のタンパク質を変性させる作用を利用したものである。ただし、皮膚を正常に保つ働きをしている非病原性の常在菌に対する作用が病原菌よりも強いともいわれており、抗菌グッズなどとして用いる場合は、皮膚に問題が起きる可能性もあるとされている。汗の臭いなどの消臭剤として用いられる銀剤は、銀・亜鉛・アンモニウム担体ゼオライトなどを用いており、臭いの原因となる細菌の増殖を抑えて消臭する。

また、写真のところでもふれた銀のチオ硫酸イオンとの錯体も、プラスチックなどに練り込んで、抗菌作用を呈するための薬剤として活用されている。これはもともと病棟などに常時勤務するメディカルスタッフが、カルテなどに書き込むために平素携えている筆記用具として開発されたらしいが、一時期はあらゆる文房具店に並ぶほどにまで普及した。さすがに現在では以前ほど目にすることはなくなったのだが、錯体がゆっくりと分解して放出される銀イオンの殺菌効果を活用しているのである。

その昔、アラビアやペルシャの王侯や将軍たちは、長距離の旅行や行軍が必要となる際には、純銀製の飲用水容器を携えるのが常であった。歴史家たちには「ゼイタク」の一語で酷評されているのだが、実は砂漠などの水に乏しい地域で、必要とされる飲用水を衛生的に長期間にわたって保存するには、この銀イオンによる抗菌効果を利用する以外の対策はなかったのである。

水　銀

水俣病は有機水銀、特にメチル水銀化合物による中毒症状であることが判明したのだが、もともと自然界では、無機の水銀化合物から有機水銀化合物が生成する可能性などほとんどないと考えられていた。「そのぐらいなら水銀鉱山の近くには有機水銀中毒患者がもっと出たはずだ」というのである。そのためになかなか原因が把握できず、対策も遅れて多数の被害者を出す結果となってしまった。浅海性の微生物の中に、無機の水銀をメチル化するというありがたくない機能を持つものが発見され、原因が明らかになった。

水銀蒸気や塩化水銀（II）（昇汞）は有毒であるが、その昔は外科手術用の消毒液として昇汞水がどこの病院でもおなじみであった。もちろんうっかり服用したら命にかかわるから、フクシンなどの色素で赤色に着色して、琺瑯引きの大きな洗面器に満たしてあった。パラケルススやノストラダムスの時代（十六世紀）には水銀蒸気の吸入なども梅毒治療のために行われたという。やがて、昇汞（昇華性の水銀化合物という意味である。英語では corrossive sublimate といい、腐食性の昇華物を意味する）を含む薬剤を服用させることで梅毒の治療が可能となった。解体新書の出版された翌年の一七七五年に近代植物学の開祖であるリンネの直弟子、トゥーンベリーが来日して、梅毒の水銀療法（昇汞水の利用）をわが国にはじめて伝えた。

また、有機水銀化合物の中でも、芳香環と水銀の直接結合した「アリール水銀」化合物は毒性が弱く、消毒薬や農薬などに以前から使われてきた。マーキュロクロム（メルブロミン）は「赤チン」という名で以前からおなじみであるが、フェノールフタレインと臭化水銀（II）から容易に合成できる消毒薬である。最近は排水中の水銀濃度規制が厳しくなったため、国内での製造は中止され、外国製品を輸入して溶液を調製したものを市販するようになった。酢酸フェニル水銀は種籾の消毒などに長いこと利用され、外国ではこのためにメチル水銀誘導体を使っていたところもある。何十年か前のこと、中近東で大干ばつがあり、播種にも事欠くようになったので、応急的に種子用の小麦がヨーロッパから供給された折、これを横流しして食料品市場に回した悪徳商人のために、多数のアルキル水銀中毒患者が出現し、何百人もの死者が出たということもあった。

砒素

現在ではこの元素の表記に「ヒ素」や「ひ素」を使用することと定めている学会があるが、あとの説明のためにも歴史のある本字を使うこととしよう。もともとは虎と同族の猛獣の一種である「貔」と同じように人間に恐ろしい害を与える石であるということから「砒」という字が当てられたのだという。

和漢の古典や欧米のミステリに頻出する毒物であるが、東洋とは違って西洋の文学作品に取り上げられたのは比較的新しく、かのシェークスピアも多数の作品の中にたった一度しか登場させていないという。水滸伝や聊齋志異などの古典では「砒霜」とか「信石」などと呼ばれている。文学作品では現在でも「砒素」の字が愛用されているが、これが指しているものは化学的に厳密な意味での「ヒ素」ではなくて、無水亜砒酸（三酸化砒素、As_4O_6）のことである。

古くは「砒素ミルク事件」、比較的最近では和歌山のカレー事件で砒素が混入され、毒薬としての評判ばかり高いのだが、実は生物にとっては砒素は必須元素の一つであるらしい。これは特に海産生物（ヒジキやホンダワラ、クルマエビなど）が著しく高濃度の砒素分を含むことから示唆されているのだが、このようなものを人間が食用としても、そのために砒素の毒作用があらわれることはない。このからくりは今でもよくわかっていないのだが、何か特別な有機砒素錯体がつくられていて、この形であればヒトなどの生物に対する有害作用が激減し、プラスの効果があらわれるのだろうと推測されている。

草食動物の羊や馬では、時として砒素分の欠乏症状があらわれることがある。わが国でも、海辺に流れ寄るホンダワラなどの藻を集めて飼い葉に混ぜ、健康な馬を育てるために利用したところは少なくない。これは神功皇后以来という伝説もあり、そのためにホンダワラを「神馬藻」と書くこともある。また、オーストリアのアルプス山地のシュタイエルマルク地域では、馬の健康を維持するために砒素（亜砒酸）を餌に混ぜて与えるという（オーストリアには海がないから、ホンダワラを食わせるわけにはいかないのである）。

このあたりの生体内の化学的な挙動についてはまだわかっていない部分が多々残されているが、今後の興味ある研究テーマでもある。

セレン

その昔、マグロの肉に水銀がかなりの濃度で含まれているということが報告され、一時期問題となったことがある。マグロは大洋を長距離にわたって回遊するので、これは全世界的な海洋の水銀汚染が進んでいるのではないかと騒がれた。だが、一〇〇年以上前のマグロの標本や、数十年以前につくられた缶詰マグロからも、現在と同じぐらいの濃度の水銀が検出され、これはどうも海洋汚染の結果ではないだろうという結論となった。だが、マグロ自体がこのために水銀中毒になっているという兆候もないし、活きのいいマグロを日々口にしているはずの魚河岸の威勢のいい連中もべつに水俣病まがいの症状を呈することはない。これはどうももともとマグロの体内に、水銀と結合して毒性を大幅に減らす能力を持った化合物があり、それとの錯体形成（マスキング）のおかげで、安全になっているのだと考えられている。

この化合物の中には、硫黄を含むアミノ酸のシステインやメチオニンの硫黄の部分がセレンで置き換えられたセレノシステインやセレノメチオニンなどが含まれている。これらのセレン含有のアミノ酸類も、単独（遊離状態）では毒作用を示すはずであるが、「毒をもって毒を制する」ことになっているのかもしれない。ちなみに、高濃度のセレンを含む牧草を食べた家畜が死んだ例もあった。

アンチモン

十六世紀のパラケルススやノストラダムスよりももう少し以前に活躍したとされるドイツの修道僧バジリウス・ヴァレンティヌス（半ば伝説的な人物なので、生没年は確かではない）が、アンチモン製剤を修道院で飼育しているブタに投与したところ、寄生虫の駆除にも役立ったのかそれ以前と比べて著しくたくましくなり、病気に苦しむこともなくなったことから、このアンチモン製剤の薬効を発見したといわれる。彼はその後、難病に苦しむ仲間の修道僧たちに、「ブタでも健康になるのだから、きっと卓効があるはずだ」とこのアンチモン製剤を服用させたところ、匙加減が悪かったのかみんな具合が悪くなり、何人かは天国へいってしまった。ヴァレンティヌスは当惑し、この化合物に「坊主殺し（anti-monakon）」という名称を与えて、警戒するようにしたという。

もっともこの当時、単体（金属形）のアンチモンはまだ知られていなかったから、彼が使用したのは「吐酒石」と呼ばれるアンチモンとカリウムと酒石酸の化合物であったと思われる。「酒石」とはワインの醸造に際して樽の底に沈積してくる固体で、現代の目で見ると主成分は酒石酸水素カリウム（酸性酒石酸カリウム）である。この塩は冷水には難溶であるため、沸騰水に溶かして冷却すると容易に再結晶できる。生成したものは「酒石英」とか「クレーム・ド・ターター」などと呼ばれ、現在でもふくらし粉などに配合されている。この酒石英と酸化アンチモンか塩化アンチモン（当時はアンチモンバタと呼んでいた。水分を吸ってベタベタになるからである）とを反応させると、「吐酒石」が得られる。

酒石酸はパストゥールが最初に光学分割に成功した由緒ある化合物でもあるのだが、この「吐酒石」の分子構造は長いこと不明なままであった。X線結晶解析の結果、その昔から信じられていた「酒石酸アンチモニルカリウム」という表現は正しくなくて、ビス（タルトラト）二アンチモン（III）酸カリウムの方が構造を正確に表現した名称である。つまり酒石酸イオンがアンチモン（III）に配位して二量体となったものである。コバルト錯体の光学分割試薬としても多用されてきた。

三価のアンチモン製剤である酒石酸ナトリウムアンチモニウムは、日本住血吸虫、肝吸虫および肺吸虫の駆除剤として日本では使用できるが、海外では発売されていない。毒性を軽減するために、カリウム塩をナトリウム塩としたものである。

有毒な物質を嚥下した場合の吐瀉を行わせるための薬剤として、その昔の欧米では家庭薬として吐酒石剤が常備されていたし、何か怪しげなものをうっかり口にしてしまったというときにはまず吐かせるというのが救急処置の第一手段であったから、以前の医師の往診鞄には必ず収められていた。だが中には心の歪んだ医師もいて、鼻についてきた姑や悪妻に一服盛った例も多数ある。ブライアン・マリナーの「毒殺百科」（平石・岩本訳、青弓社）などを参照すると、この種の恐ろしい事件の集大成が概観できる。

熱帯の寄生虫であるリーシュマニアによるリーシュマニア症については、厚生科学研究費ヒューマンサイエンス総合研究事業「熱帯病に対するオーファンドラッグ（希少疾病用医薬品）研究班」から、無償で供与される薬剤として、五価のアンチモンを含むスチボグルコン酸ナトリウムがあ

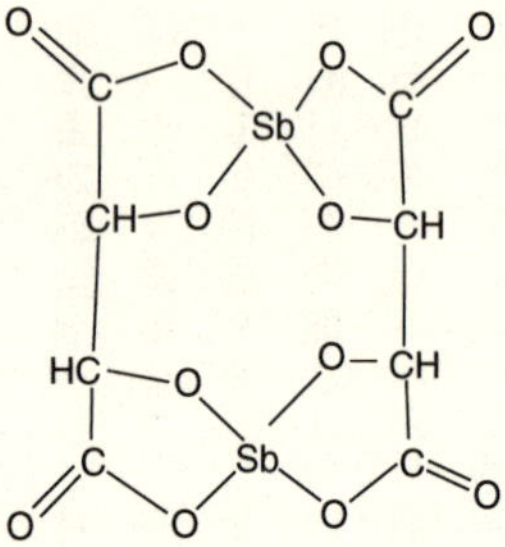

吐酒石（ビス(タルトラト)二アンチモン酸カリウム）の陰イオンの構造

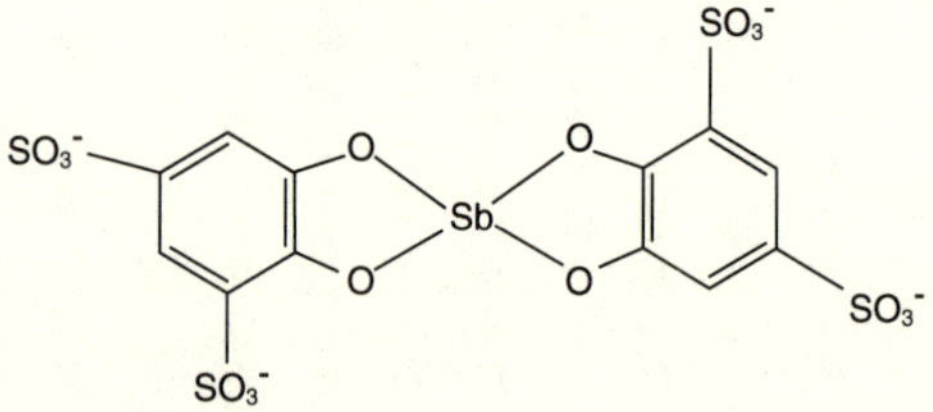

スチボフェンの陰イオン(ビス(ジスルホカテコラト)アンチモン(III)酸錯イオンの構造

図 7.6　吐酒石とスチボフェンの構造

る。

アンチモン製剤の「スチボフェン」は、カテコールジスルホン酸（チタンや鉄などの金属イオンと錯形成して鮮やかな紫色を呈するので「チロン（Tiron）」という名称でもおなじみの金属指示薬でもある）とアンチモン（III）のキレート錯体で、海外ではビルハルツ住血吸虫、内臓リーシュマニア（カラアザール）などの寄生虫症に対して用いられていたが、毒性が強いため獣医用以外は使われなくなった。

ビスマス

その昔は「蒼鉛」と呼ばれたこともあり、古風な医師は今でも「次硝酸蒼鉛」などという薬剤名を好まれる。次没食子酸ビスマスは「デルマトール」などという薬剤名で皮膚疾患に処方された歴史があるが、もともとは化粧品であった。ビスマスという元素名がもともとドイツ語の「weiss Masse」つまり「白い塊」に由来するといわれるぐらいで、上質の白粉の原料だったこともある。また、一時期の駆梅剤でもあった。

現在でもデルマトールは、その収斂作用、保護作用、乾燥などの作用があり、きわめて小さい範囲の皮膚の糜爛や潰瘍、痔疾の治療に、また下痢止めに用いられている。次硝酸ビスマスは、下痢止めのみに用いられる。副作用として、精神神経障害や痙攣、錯乱などの障害がみられることがある。

最近改めて見直されているのは、悪性腫瘍（つまりガン）にある種のビスマス製剤が効果を示すらしいということと、消化器疾患の治療（これは消化管内でバクテリアが産出する硫化水素と反応して無害の硫化ビスマスに変えることが役立っているらしい）とともに、昨今よく話題となる胃潰瘍の原因らしいヘリコバクター・ピロリ菌の生育を抑える効果があるという報告が出たからでもある。

第三節　抗悪性腫瘍薬

抗ガン剤（抗悪性腫瘍薬）も薬であるが特別重要なので分けて話を進める。悪性腫瘍とは、一般的にいう「ガン」のことである。ガンは、生体内の正常細胞が何らかの原因により、正常な機能を果たさなくなり、かつ、増殖能が正常細胞より非常に高くなったもので、もともとヒトの体の中の正常細胞であったために、正常細胞との違いが少なく、ガン細胞のみを攻撃する薬剤は現時点ではほとんどない。悪性腫瘍の治療に用いる薬剤を抗悪性腫瘍治療薬と呼ぶ。この節では、金属錯体または金属錯体を生体内で形成し悪性腫瘍の増殖を抑制する化合物について述べる。

ブレオマイシン

ブレオマイシンはそのままでは、抗悪性腫瘍薬としての作用は示さないが、細胞内で二価鉄イオン（Fe^{2+}）とキレートした錯体がDNAと結合して活性酸素を生じ、これがDNA鎖を切断することによりガン細胞の増殖を抑制する（抗腫瘍効果を示す）と考えられている。ブレオマイシンは、抗生物質研究の先駆者梅沢浜夫博士（微生物化学研究所）らにより、一九六三年に放線菌（Streptomyces verticillus）の一菌株の産生する抗生物質として発見された。この抗生物質は、分子量約一五〇〇の糖ペプチドで、構造の一部分が異なる一〇種以上の成分のうちのA_2、B_2の二成分を主成分とする混合物であるが、日本では扁平上皮ガン、悪性リンパ腫などの治療薬として一九六八年に承認されており、現在多くの国で使われている。その後、副作用軽減と強い抗腫瘍効果を持つとされる誘導体ペプロマイシンが一九八一年に承認されている。

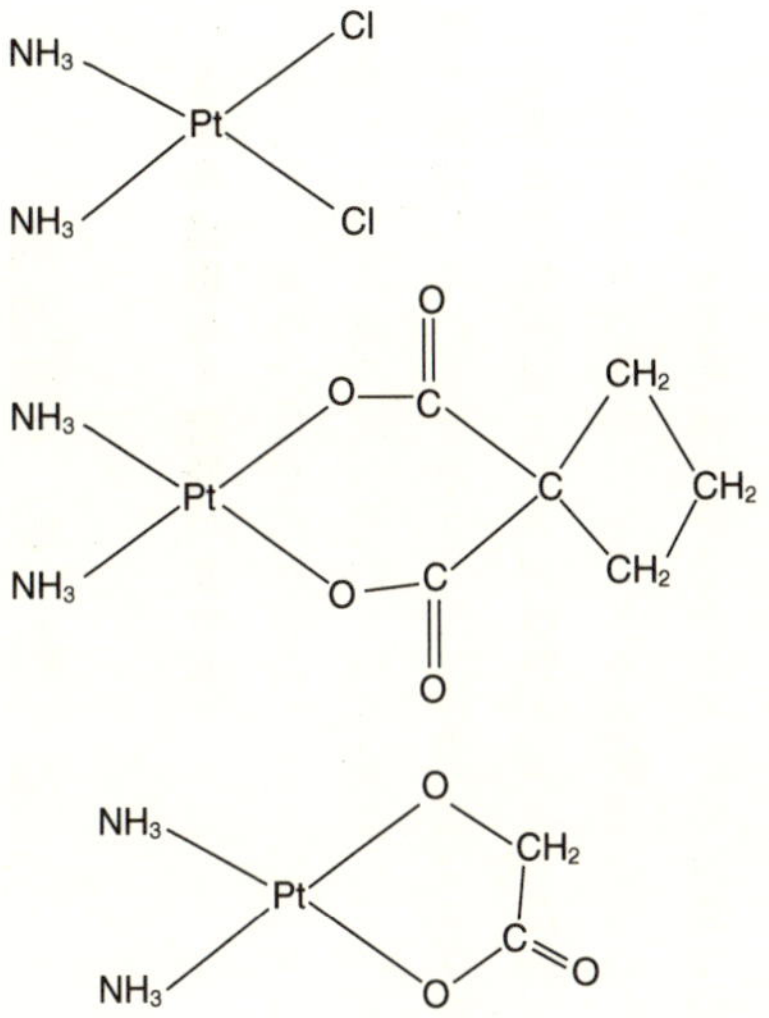

シスプラチン
cisplatin

カルボプラチン
carboplatin

ナダプラチン
nadaplatin

図 7.7　白金抗ガン剤の構造

白金錯体

三〇年以上も前から、世界中で数千の白金化合物がスクリーニングされ、その内の約三〇の化合物が臨床開発されたが、現在のところ日本ではシスプラチン、カルボプラチンおよびナダプラチンの三種類が抗悪性腫瘍薬として承認されている。シスプラチンの細胞増殖抑制作用の作用機序は、DNA鎖中の核酸塩基のグアニンの特定の位置の窒素が白金と錯形成を起こし、DNAの複製を中断させてしまうことによるらしい。

シスプラチン　*cis*-diamminedichloroplatinum(II)

カルボプラチン　*cis*-diammine(cyclobutane-1, 1-dicarboxylato) platinum(II)

ナダプラチン（ネダプラチン）　*cis*-

diamminegIycolatoplatinum(II)

第四節　造　影　剤

X線用造影剤—硫酸バリウム

消化器の診断には以前からおなじみのバリウム粥（硫酸バリウムの懸濁液）が常用されている。このバリウム粥の高品質のものを製造しているメーカーがわが国にあり、世界中でもかなりのシェアを維持しているという。血管造影にはヨウ素を含むヨード造影剤が使われる。これはバリウムやヨウ素は生体組織よりX線吸収が大きいため、造影剤として機能しているからである。はるか昔には、酸化トリウムのコロイドを造影用に用いたこともあったが、これはなかなか体内から排出されず、しかもα放射体であるからやがて重篤な放射線障害を引き起こすことがわかって使用禁止となった。だがこれらは錯体化学や配位化学と直接関連しているところが乏しいので、これ以上詳しくは触れない。ちなみに、バリウムは毒性が強いため、炭酸バリウムを造影剤として用いることはできない。胃酸によりバリウムが遊離するためである。

MRI用造影剤—ガドリニウム錯体

最近広く用いられるようになったMRIでは、正常組織とガン細胞とのあいだでプロトンのNM

Rシグナルの緩和時間が大きく違うことを利用している。ガン組織の方が緩和時間が長く、血液その他の正常な部分の緩和時間は短いのである（通常でも一桁ぐらい違う）。このような正常組織部分の緩和時間をもっと短くできれば、悪性腫瘍の部分を明瞭に認識・診断することが可能となる。MRI造影剤はこのような目的で開発されたもので、水分子や生体中の有機分子のプロトンの緩和時間を、常磁性緩和の利用で短縮し、これによって悪性腫瘍部分との違いを浮き立たせようとするものである。しかし、現在臨床で使用されているガドリニウム錯体は、腫瘍の良性悪性の判別ができるという十分な臨床成績が得られなかったため、「MRI撮影における脳・脊髄造影、軀幹部・四肢造影」とされている。その作用機序は、「ガドリニウムイオンは常磁性を示すため、磁気共鳴現象においてプロトンの緩和を促進し、緩和時間を短縮する。このため特にT_1強調画像MR画像上でコントラストが増強する」とされており、本来は「コントラスト向上試薬」のはずなのだが、X線以来の「造影剤」という用語が使用されている。

有機化学分野では、緩和時間が長いためになかなかシグナルが明瞭に観測できない炭素（カルボニル基やカルボキシル基などの炭素）の炭素-一三のNMRシグナルを観測するための「緩和試薬」というものがあり、常磁性錯体を利用して、これらの炭素の緩和時間を短くするために利用されてきた。特にトリス（アセチルアセトナト）クロム（$Cr(acac)_3$）やトリス（ヘプタフルオロオクタンジオナト）ガドリニウム（$Gd(fod)_3$）が以前から使われてきたが、これと同じような効果を臨床部門に応用したということになる。この二錯体はどちらも有機溶媒に可溶なものだが、体内においては血液などまず大部分が水溶液系が主であるから、水に対する溶解性の向上が第一に図られた。

ガドリニウムイオン（Gd^{3+}）は常磁性で不対電子を七個（$4f^7$）含んでいる。溶液にすると周辺の水分子の磁気緩和を促進する効果が大きく、MRIでの造影効果が高いことから、錯体の形として用いられている。配位子（リガンド）がDTPA（ガドジアミド水和物（商品名オムニスキャン））、ガドペンテト酸メグルミン（商品名マグネビスト））、HPDO3A（ガドペンテト酸メグルミン（商品名プロハンス））の三種類の造影剤がわが国でもすでに市販されているが、前二者はDTPA（ジエチレントリアミン五酢酸）のキレート錯体で、溶解性を大きくするために対陽イオンとしてメグルミン（グルコースのジメチルアミン誘導体）を用いたものである。三番目は中性の錯体（つまり脂溶性を大きくしたもの）で、以前から錯形成試薬として用いられてきたテトラアザシクロドデカン四酢酸（DOTA）の一つの酢酸基をヒドロキシプロピル基にしたものである。この錯体は中性分子となるので、水よりも脂質に対する溶解性を改善したことになる。つまり、測定対象の選択余地が広がったことになる。

ガドリニウムは毒性が強い金属であるため、ガドリニウムが遊離しないような安定な錯体を用いる必要がある。ガドリニウム錯体の安全性は、熱力学的安定性、溶解性、生体内錯塩の安定性に依存するといわれており、前記のものはいずれも熱力学的安定度定数Kは$10^{16.9}$～$10^{22.8}$と高く、金属と配位子は強く結合しておりキレート錯体の形で溶解している。また、Gd^{3+}と沈殿を生じやすいイオンとして、PO_4^{3-}, OH^-, CO_3^{2-} があるが、通常の体液中に含まれるこれらのイオンの濃度では、前記ガドリニウム錯体は安定であり、分解を受けたり、これらのイオンとの沈殿を生じたりすることはほとんどない。さらに、生体内においては、配位子が生体内に存在する Ca^{2+}, Zn^{2+}, Cu^{2+} などのイオンと反応して Gd^{3+} を遊離させることもほとんど考慮する必要がない程度であ

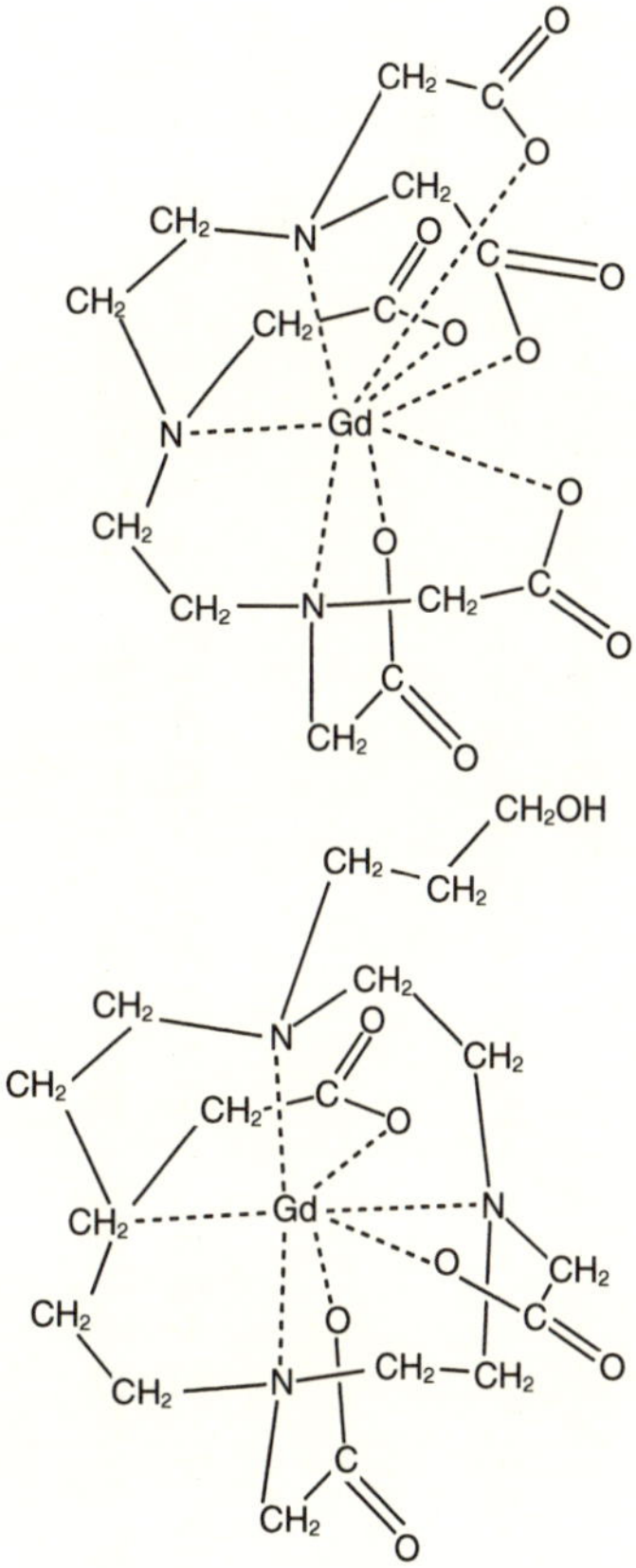

Gd-DTPA

Gd-HPDO3A

図 7.8　ガドリニウムイオン（Gd^{3+}）とDTPA（オムニスキャン、マグネビスト）、HPDO 3 A（プロハンス）の錯体

る。

このように一見縁遠いように思われていた錯化合物（錯体）の分野と、最先端医療との重なり合っている部分は多い。どちらの分野にもある程度の深さの理解を持っているような優れた人材の育成が望まれる。

まとめ

生体中の微量元素として、比較的重要性の大きなものと考えられているのはほぼ三〇種であるが、その多くはまだ存在箇所と濃度の信頼できるデータがようやく揃いだした段階である。一九八〇年ごろからヒトや動物についてのこれらの元素のキャラクタリゼーションが次第に盛んとなってきたが、まだまだ未解明の部分が多い。その意味では医学や薬学などの近代的手法をもってしても、まだ手探り状態の分野である。

生体内の諸元素の存在量のデータですら、比較的最近まで、全部について信用のおける数値がまとめられることは望み薄といわれていたものである。イギリスの高名なサイエンスライターのJ・エムズリーの「Nature's Building Blocks（邦訳は「元素の百科辞典」（丸善））」には、そのもととなった「The Elements (3rd ed.)」をもとに、水素からウランまでの元素の、標準的なヒトの体内存在量のデータが紹介されている。だが、存在状態についてはまだよくわからないことが多々ある。鉄のような比較的おなじみの元素ですら、体内の存在状態はきわめて多岐にわたっていて、よく多くの解説書などにある「ヘモグロビンの中に含まれている」というような簡単な割り切り方はできない。

もう少し以前までの研究成果の集大成としては、日本化学会訳編の環境防災ライブラリーの一冊に「微量元素」（原著者はE. J. Underwood）（丸善）があるほか、スイスはバーゼル大学のシーゲル教授夫妻の編集になる「Handbook of Toxicology of Inorganic Compounds」（Marcdl Dekker）が参考となるであろう。

昨今各地の大病院で、点滴液に加えるはずの塩化カリウム溶液を、うっかり添加をし忘れたために希釈せぬままで静脈注射して、患者の心臓を停止させてしまったという医療事故が相次いだ。化学の基礎をないがしろにし、溶液の濃度の重要性というものをまったく認識していない（これは東海村のＪＣＯでの事故と同じであるが）結果、生じたアクシデントである。

た　行

な　行

は　行

さ 行

事項索引

渡部正利

1967 年東京教育大学理学部卒業。1987 年工学院大学工学部教授。現在に至る。工学博士

山崎　昶

1965 年東京大学大学院理学研究科博士課程修了。1999 年日本赤十字看護大学教授、2002 年停年退職。現在に至る。理学博士

河野博之

1989 年東京大学大学院工学系研究科博士課程修了。2003 年工学院大学共通課程助教授。現在に至る。工学博士

錯体のはなし

2004 年 12 月 13 日　　初　版

著　者——————渡部正利・山崎　昶・河野博之
発行者——————米　田　忠　史
発行所——————米　田　出　版
〒272-0103　千葉県市川市本行徳 31-5
電話　047-356-8594
発売所——————産業図書株式会社
〒102-0072　東京都千代田区飯田橋 2-11-3
電話　03-3261-7821

中央印刷・山崎製本所

ISBN4-946553-20-7　C0043